辽宁科协资助
LIAONING KEXIE ZIZHU
辽宁省优秀自然科学著作·2022年

宋有涛 / 等编著

水力空化技术
及其在环境中的应用

Hydraulic Cavitation Technology
and its Application
in the Environment

U0244142

化学工业出版社

·北京·

内 容 简 介

本书汇集了作者及团队在水力空化领域的多年科研和实践成果，以水力空化的发展历史、水力空化基本原理以及装置设备为基础，全面介绍了水力空化的基本特征、物理化学基础、水力空化强度的影响因素、水力空化降解有机污染物的研究、水力空化强化高级氧化技术降解有机污染物的研究、水力空化消杀微生物的研究、水力空化技术去除环境污染物的工程应用及案例解析。

本书具有较强的针对性及技术应用性，可供从事水力空化或水力空化联合其他高级氧化技术等相关领域的科研工作者、技术人员和管理人员阅读，也适合高等学校环境工程、市政工程、微生物等相关专业的师生参考。

图书在版编目（CIP）数据

水力空化技术及其在环境中的应用/宋有涛等编著
. —北京：化学工业出版社，2023.1
ISBN 978-7-122-42756-4

Ⅰ.①水… Ⅱ.①宋… Ⅲ.①空化-应用-生态环境
保护-研究 Ⅳ.①X171.4

中国国家版本馆 CIP 数据核字（2023）第 028869 号

责任编辑：卢萌萌 刘兴春		文字编辑：郭丽芹 陈小滔	
责任校对：宋 夏		装帧设计：史利平	

出版发行：化学工业出版社（北京市东城区青年湖南街 13 号 邮政编码 100011）
印 装：北京科印技术咨询服务有限公司数码印刷分部
787mm×1092mm 1/16 印张 10¼ 彩插 4 字数 210 千字 2024 年 1 月北京第 1 版第 1 次印刷

购书咨询：010-64518888 售后服务：010-64518899
网 址：http://www.cip.com.cn
凡购买本书，如有缺损质量问题，本社销售中心负责调换。

定 价：86.00 元

《水力空化技术及其在环境中的应用》
编著委员会

主　　任：宋有涛

副 主 任：孙丛婷　陈梦凡　陈　岩

编著人员（以姓氏笔画为序）：

王子超　王欣若　庄　凯　孙云鹏

孙丛婷　李佳琪　吴　琼　吴倩倩

宋有涛　陈　岩　陈梦凡　隋佳依

前言

当前水污染主要由工业废水、农业废水、生活污水等的排放造成，污染面广、种类复杂，对人们生产生活和身体健康产生严重威胁。面对严峻的水环境污染形势，各级政府以打好水污染防治攻坚战为抓手，牢固树立和践行"绿水青山就是金山银山"的理念，强化水污染综合治理。水力空化作为一种新型水污染处理技术，近年来成为国内外研究热点。水力空化所产生的微纳气泡在溃灭时会在局部产生热点，瞬态温度达10000K，压力约为10^8Pa。在这种极端条件下，水分子发生热分解反应产生高活性的HO·，HO·扩散到本体溶液中与有机污染物发生氧化反应，达到降解污染物的效果。该技术已被应用于环保领域，包括消毒杀菌、污泥处理以及各种有机（如农药、纺织染料和酚类物质等）污水的降解。此外，在废水处理中与其他化学试剂或技术结合使用，还可以降低化学品消耗，提高能源效率，降低运行成本。因此，对水力空化技术的研究和应用探索有着广阔的前景。

笔者结合近年来自身团队的研究成果，通过对水力空化这一技术内在本质的深入剖析与其在污染物处理中大量应用实践的介绍，结合国内外学者研究成果进行总结，并对该技术的未来发展做出展望。

本书共分为7章，第1章主要介绍水力空化的基本特征，第2章为水力空化的物理化学基础，第3章为水力空化强度的影响因素，第4章为水力空化降解有机污染物的研究，第5章为水力空化强化高级氧化技术降解有机污染物的研究，第6章为水力空化消杀微生物的研究，第7章为水力空化技术去除环境污染物的工程应用。

本书具有以下特点：

（1）实用性强

截至目前，国内尚没有关于水力空化技术相关的专门著作出版。在该技术应用过程中，缺少专业指导和相关书籍系统论述水力空化技术从发生条件到形成机制及生产应用这一过程中所涉及的理论基础、技术指导、应用支撑等内容。本书基于笔者近年来指导的博士、硕士论文以及国内外相关论文内容，从空化的本质以及应用的角度较为完整地诠释了水力空化技术目前的发展情况，弥补了我国水力空化技术著作的空白，对该领域学者们的研究有着一定的借鉴和参考作用。

（2）系统性强

本书在结构设计上，由浅入深，层层渗透，逻辑性很强，非常全面地阐述了相关理论知识以及国内外具有代表性的研究内容，从而使内容前后照应，具有较强的系统性。

通过对本书的系统学习，可以基本了解水力空化现象的基本理论知识以及国内外的研究现状，为日后对水力空化技术应用的实际开展奠定基础。

（3）梳理了国内外对该领域的研究现状

在本书编写过程中，为更好地使读者了解水力空化技术的发展现状，分类整理了国内外大量相关教材、专著、论文和专利等，并对相关内容进行充分的解释，使本书更加通俗易懂。

本书是编委集体智慧的结晶，全书最后由宋有涛教授统稿并定稿。编委会成员孙丛婷教授、王子超教授、陈岩博士，博士研究生陈梦凡、吴琼、王欣若和硕士研究生隋佳依、庄凯、李佳琪、孙云鹏、吴倩倩等参与本书的撰写并帮助收集资料、整理、校对，他们做了大量烦琐并有价值的工作。在此对他们的鼎力相助表示由衷的感谢。另外，感谢国家自然科学基金委面上项目课题"水力空化对大肠杆菌与酵母结构功能的影响及作用机制研究"（41977205）、辽宁省"兴辽英才计划"项目（XLYC1802070）和辽宁省科协优秀自然科学学术著作出版项目对本书的资助，以及化学工业出版社为本书出版付出的辛勤劳动。

在本书编写过程中，参阅了国内外大量相关文献资料，得到了许多信息和启发，受益匪浅，从而使本书得以按计划完成。参考的文献尽可能在教材中列出，如有遗漏，敬请谅解。借此图书出版之际，再次对帮助和支持我们的所有人员表示发自内心的感谢。

限于时间及水平，疏漏及不足之处在所难免，敬请各位读者、专家、同行朋友惠予指正。

宋有涛

目 录

水力空化的基本特征

在过去长达半个世纪的时间里，学者们对水力空化现象进行了深入的探索及研究。本章总结了水力空化在理论及应用上的核心特征，在前人的基础上对空化特性的研究进行了总结。在将来的学习中，可以通过本书了解这个现象，并更好地将其构建和应用于自己的研究。

1.1 空化现象

空化是液体内部局部压力降低时，在液体内部或液固界面上，充满蒸汽或其他气体的空腔在很短的时间（通常为毫秒）内成核、生长和内爆的现象。它是从液相到气相的转变。当气泡在固体边界附近坍塌时，会导致表面的变形和材料的剥蚀，造成构件失效，故空化造成的损失又被称为汽蚀。汽蚀被认为是一种有害的现象，除了会引起设备的腐蚀，还会引起噪声和振动，对船舶螺旋桨以及化工生产中的泵、阀门和管道等各种表面造成巨大的破坏。气泡的形成和破灭均在极短的时间内完成，但其破灭时产生的冲击力是相当大的，会对阀门及管道产生极大的破坏作用，主要体现在 3 个方面：

① 阀门损坏　空化现象造成的气蚀对密封面经常受到空化现象产生的冲击，阀芯和阀座遭到严重破坏，致使阀门泄漏。

② 振动　空化现象的发生使阀门在垂直和水平方向产生剧烈振动，加速了管道和阀门的机械磨损；同时振动造成紧固件松动，直接威胁安全生产。

③ 噪声　空化现象产生的噪声，影响操作环境。

流体的空化现象常被忽视，而它却会对化工生产过程带来危害，某工厂就发生过此类事故：吸收了 CO、CO_2 等气体的铜氨液由铜洗塔底经气动薄膜阀（调节控制塔内液位）送往再生系统，在运行过程中，阀门和管道时常出现瞬间强烈振动并伴有噪声，多次对阀门检查都未查明原因所在，最终在一次强烈振动中造成管道在法兰丝扣薄弱点处断裂，大量气液喷出并引发大火。

空化的缺点可以通过适当的措施加以抑制。对空化过程中产生的振动和噪声，可以通过对管道或空化装置进行更好的设计来降低，如采用隔声材料减少噪声干扰。为有效减少对管道、泵、阀门表面的损伤，应选用耐高温高压的材料。同时，控制水流速度和压力，避免水锤和汽蚀的发生，因为水锤和汽蚀可能导致管道破裂或泄漏。Kozak 等试图通过引入涡流来改变文丘里管内的空化流动。在涡流发生器存在的情况下，边界层的空化不明显，空化体积被液态水包围，从而减少了空化侵蚀对文丘里管表面的损伤。Simpson 和 Ranade 还报道说，涡流的施加可以将空化区域从固体表面移向设备轴，从而最大限度地减少或消除表面受侵蚀的风险。因此，在基于文丘里管或孔口型空化装置的工艺中，引入旋流元件可能是克服其缺点的较好选择。除了上述方法之外，Danlos 等研究了不同文丘里型空化器截面的沟槽吸力面对板腔失稳控制的影响，用以限制侵蚀和/或噪声，结果证明了其可行性。当空化泡破裂时，由于气泡内容物的惯性和可压缩性，会产生巨大的内爆力，造成局部热点，释放出巨大的能量。温度可高达 500～15000K，压力范围为 100～5000atm（1atm＝101.325kPa）大气压。气泡发生内爆时，由于相变而产生高温高压，这可以从力学的角度进一步解释。

除空化过程中的高温高压外，空化泡的坍塌还会带来各种物理化学效应，从而引起大量的物理化学变化。在极端空化条件下，水分子可以生成·OH、·OOH、H_2O_2 等多种具有强氧化电位的物质，并与废水中所含有机物发生反应。空化泡溃灭所产生的巨大内爆力和剪切力可以破坏有机污染物的分子键或使其热分解，破坏微生物的细胞壁。从而达到降解大分子有机物，杀死废水中微生物的目的。此外，当空腔坍塌时，产生局部湍流和微循环，从而增强了反应物的气液传质，增加了系统中传质阻力的去除。基于这些特性，空化可以作为一种积极的工具，在特定的工程应用中解决或强化某些过程，使其有用而有益，而不是有害。

应该指出的是，空化的确切行为受到液体性质（如温度、密度、黏度和表面张力）和质量（即固体颗粒的数量和溶解气体的数量）的影响。固体粒子和溶解的气体都可以作为空化核。

1.2 空化的本质

空化一词是指形成一个空间或空腔，描述了液体所受压力随时间和距离的变化发生的一种特殊现象。液体的局部所受压力由于某些原因降至足够低时，将导致空腔的形成。这些空腔中吸收来自液体的蒸气，以及液体中溶解的气体，形成气泡（也称空化腔）。

当气泡中气体压力超过临界值时，将发生剧烈内爆，这会导致微区域的坍塌，从而使压力急剧增加。如果液体的压力小于饱和蒸气压，气泡的体积就会增加，这将导致液体的空化形成区域更大。

空化的产生有许多不同的原因（图 1-1），通常出现在以下过程中：

（1）在水动力过程中

由于流动条件或外部影响，在静压力下降时，在流动的液体中发生空化。它通常在收缩或弯曲的通道中产生；也会由于物体在液体中的运动而产生，如船的螺旋桨的转动。因此，这种类型的空化是液体流动时局部收缩或液体从流线型物体表面分离的结果。

（2）在涉及超声波的过程中

声波在液体中以压缩波的形式（纵向）传播时，会导致液体的局部时而被压缩，时而被分散。这种情况下的空化是由液体内部的声波纵向传播造成的分散而引起的，包括液体的表面的振动或液体内部水下物体的振动。液体分子的分离和空化气泡的形成发生在声波传播的分散半循环，并在压缩半循环过程中消失。

（3）在向液体中的小体积提供大量能量的过程中

大量能量（例如激光束或重元素粒子流）的产生，会导致液体的内能局部增加，直到液体发生相变，变成气态，从而释放溶解气体。其效果是产生蒸气和溶解气体的气泡，类似于水力空化产生的气泡。

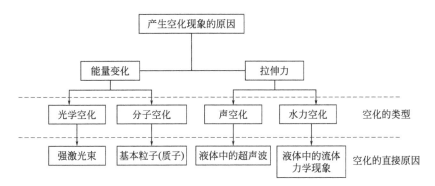

图 1-1　液体中产生空化的主要原因

1.3　各类型空化的应用

（1）激光空化

激光空化技术原理是使激光通过透镜聚焦于液体中，当液体的击穿阈值小于激光能量能时，大量高温高压等离子体会在激光的聚焦区域产生，并在短时间内急速向四周扩张，排挤开旁边的液体从而形成空泡，空泡会在待加工的材料表面经反复多次"膨胀-收缩"，在每次"膨胀-收缩"时会产生微射流和冲击波。激光空化的优势在于由能量的沉积产生空化作用，具有便于控制、可精准定位、球对称性好、无形变等优点。Luo 等采用高速成像技术探究了激光诱导空化气泡经过小孔前后的动力学特性。结果表明，SiO_2 悬浮液中的小孔可协助激光空化加强表面处理，达到提高表面强度的目的。实验还对激光空化处理后的 1060 铝合金的残余应力、粗糙度和表面形貌进行了研究，发现孔洞尺寸和无量纲参数对气泡脉动有很大影响。王舰航等研究了激光空化气泡在其膨胀和溃灭过程中，对其附近超吸水聚合物弹性小球的影响。研究发现在空化气泡膨胀和溃灭持续时间最长时，对弹性小球的拉扯和挤压作用最明显。

（2）超声空化

超声空化是利用较高的超声波能量作用于液体，使液体中产生气泡。超声波能量使液体中的空化核不断地振动、膨胀并且吸收一定的声场能量，当空化核达到一定能量极限时，空化的气泡便可能会急剧地崩溃。超声波的空化作用可以在很大程度上加速反应物及其副产物在空气中的扩散，促使一种新相的形成，以此提高非均相反应速率，控制各种颗粒在空气中的大小及其排布，实现将多种非均相反应物混合均匀的效果。魏威等利用超声空化强化甲苯烷基化反应，通过响应面法与单因素实验，得出甲苯烷基化生成乙苯的最佳工艺条件为：甲苯质量分数 20%；控制 pH 值为 6；在功率为 850W 下，超声 90min。乙苯最佳产率为 34%。实现了甲苯低温烷基化反应，提高了乙苯产率。廖巨成利用超声空化效应对退役吸附剂 SF6 进行无害化处理，结果表明：超声清洗对 SF6 吸附剂最佳处理时间为 20min，所得再生吸附剂的吸附能力可恢复至原始吸附剂的 85%~90%。此方法比传统方法成本低、效率高且效果更好。李现瑾等将厌氧处理结合超声空化技术作用于剩余污泥，结果表明：厌氧处理降低了污泥破解难度，增加厌氧处理时间，对污泥自身性质有较大改变；超声空化对厌氧污泥破解效果优于新鲜污泥。

（3）水力空化

水力空化是 21 世纪兴起的一种新废水处理方式，其主要用途是处理废水中难以降解的各种有机化合物，例如酚类、多环芳香烃、含氮杂环化合物等。很多发达国家都有重点实验室参与其中，尝试通过相关研究加强其在实际工程中的应用。已有实验研究表明，水力空化与其他空化方式相比有着效果好、成本低、修理维护简便、能源消耗小、操作简单以及在工程中更容易实现等优点。Anupam 等通过水力空化技术处理表面活性剂（十二烷基硫酸钠，SDS）废水，实验发现在孔径 1.6mm、pH 值为 2、压力 0.5MPa 条件下反应 60min，SDS 降解率达 99.46%。这一数据进一步肯定了水力空化技术在工业应用方面的可行性。Valentina 等研究了水力空化在合成水溶液中降解甲基橙的潜力，利用文丘里管在实验室规模上建立了水力空化装置。研究结果表明：在 400kPa 的工作压力下，文丘里管最大空化效率达 30%；当二氧化钛和过氧化氢等添加剂存在时，降解过程的性能略高于 70%。王永杰等利用水力空化技术处理模拟含苯酚废水，用不同孔板与文丘里管组合作为空化装置。研究表明：苯酚的降解率随着反应时间增加先增大后逐渐趋于稳定，60min 时降解率最大，此时入口压力为 0.4MPa；此外，孔口排布方式也对苯酚的降解率有较大影响。杨金刚等针对船舶大气污染物中氮氧化物（NO_x）存在脱除困难等问题，进行了水力空化强化二氧化氯（ClO_2）脱硝实验。结果显示：最佳压力组合为进口压力 300kPa，出口压力 30kPa；当溶液温度升高，脱硝效果先增加后降低，最佳反应温度为 20℃。

（4）粒子空化

粒子空化主要是将载能粒子束集中发射到液体中某个点，把能量不断地传递到液体中，引起液体中的空化核不断膨胀和扩张而形成空化泡。载能粒子又被称为空化泡成核粒子。实验中常考虑中子对物质具有很强的贯通和穿透能力，从而直接从外部作用于目标液体；或者直接向其他液体中添加放射性物质，使溶液中生成空化泡。粒子空化能够利用空化产生的能量强化材料性能，具有穿透力强、贯穿性好等优点。李欣年等利用 5.5MeV 的 α 粒子和 2.45MeV 的快中子作为成核粒子进行了声空化核效应的实验研究，发现超声期间的中子计数大于非超声期间的中子计数。通过测定反应前后的测试液中的氚含量发现，实验后液体中氚含量显著增加。该实验结果显示了不同粒子成核的声空化核效应。

1.4　空化的分类

空化发生的过程可以分为以下几个阶段：初始空化阶段，只有极微小的气泡出现，边界层也没有明显的分离现象；片状空化阶段，空化数降低，开始出现连续气相，从外形上看像手指；云状空化阶段，空化数进一步降低，出现大量空化泡，呈现大团白雾状，即空泡云的形成；超空化阶段，是空化泡发展的最后阶段，压力降至极低。最后随着压力的恢复空泡溃灭。

（1）根据空化云发生的位置和初始条件分类

① 流体气泡空化表现为气泡沿固体移动的形式，在低压点附近可见。

② 当液体射流被引入到含有水的容器中时，剪切层中的空化气泡在边界层分离的锋利边缘形成。

③ 片状空化也称为附着泡空化。对于轴对称体，称为"环形空化"。气泡在固体表面形成，随后被流动分离。

④ 片状空化后期的层流空化。这种类型的空化现象表现为一个腔体，腔体内充满均匀的蒸气和气体混合物，表面光滑。

⑤ 局部附着空化，也称为局部片状空化，与表面的局部粗糙度有关，表现为附着空化。

⑥ 局部气泡空化是在固体表面的特定位置形成连续的气泡流。这种形式也与表面的凹坑性质有关。

⑦ 中心涡空化发生在旋转远离障碍物周围气流的漩涡核心。

⑧ 叶尖涡空化现象，出现在从承载面流出的涡的核心部位。

（2）根据空化云的形状分类

① 表面空化，发展在流线型的物体表面，并保持附着状态。表面空化发生在流线型的表面元件上，形成阻力点。它是由限制流动的边界表面上的空化核产生的，并在元素表面上发展。它会在狭窄的喉部中发生，如狭缝文丘里管的喉部等。这种可以呈现多种不同形式的空化取决于管道的几何形状和流动参数。它可以以气泡、片（层）或附片的形式产生空化。

② 分离空化，随液体流动进行。分离的涡空化沿蒸气轴线出现，在"弱"流线型元素后面的涡中形成阻力的地方。它也可由在裂缝、限制流动的边界表面以及尾迹本身中发现的成核（空化核）发展而来。它也出现在尾流中，从各个方向的孔或与之相连的区域都有明显的速度。分离的涡空化在阻力处以涡的形式出现。

在阻力类型不同的地方，两种形式的空化都可能出现。

（3）根据波兰标准（PN-86/H-04426)分类

① 蒸气空化　空化依赖于在压力下降到低于临界值后液体从气泡表面突然蒸发，通常在给定温度下接近液体的蒸气压。它的特点是气泡充满了蒸气，并且增长得非常快。

② 气态空化　在溶解气体扩散的过饱和液体中引起的空化。它依赖于气体扩散到液体中已经存在的充满气体和蒸气的气泡。它的特点是气泡的增长和崩溃比在蒸气空化过程中更慢，主要充满气体，从液体中扩散。

③ 流动空化（流体动力学）　在流动液体中由流动条件或外部因素引起的静压下降时形成的空化。它常出现在狭窄的流道、运动路径曲率和流线型机身平面偏离处。

④ 振动空化（声学）　由液体内部压力脉动引起的空化，最常由冲击产生的声波弥散、包围液体表面的振动或淹没在液体中的物体的振动引起。液体分子的分离和空化泡的形成发生在稀薄半循环过程中，而空化泡的坍塌则发生在压缩半循环过程中。

（4）根据空化带的位置、物理条件等特征分类

如图 1-2 所示。

1.5　影响空化形成的因素

影响水中空化产生与发展的主要因素有流动边界形状、绝对压强和流速等。此外，液体黏性、表面张力、气核、汽化特性、水中杂质、边壁表面条件和所受的压力梯度等对空化都有一定影响。

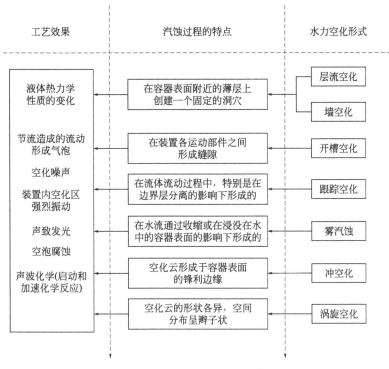

图 1-2　空化主要形式分类

（1）液体黏性

液体黏性的影响实际上是雷诺数的影响。黏性或雷诺数影响边界层的分离，因而影响壁面上最小压力点的位置，即影响空化初生的位置。黄继汤等的实验结果与理论计算均表明，液体黏性增大使空泡压缩和膨胀过程都明显变缓。

（2）表面张力

根据空泡动力学方程可得，表面张力使空泡溃灭时的速率增大，振荡周期缩短，振荡幅值减小。

（3）气核

液体中含有大量微泡，但真正参与空化的核是那些微气泡，而不是固体尘埃或有机微生物。气核数目的增加导致空化状态的进一步发展，从而引起水力机械的水动力和噪声水平的显著变化；在一定的气核密度条件下将发生气核的饱和现象。气核状态对泡状空泡的初生空化数有较大影响，对片状空泡的初生空化数几乎没有影响，对涡空泡的初生空化数也有较大影响。

（4）边壁表面条件

壁面粗糙度对空化初生和发展有重要影响。一般来说，粗糙壁面要比光滑壁面上空化初生偏早，这是由在粗糙凸起后面的流动易发生分离，从而使负压脉动增加所致。粗糙的表面可以减少糙化断面下游的压力下降从而降低空化发生，以减小空蚀破坏的可能性。于具体的工程中，可在溢流坝下游反弧面上加糙，从而降低反弧段下游切点的空蚀破坏程度。壁面的浸润性对空化初生也有影响，实验结果表明，尼龙、聚四氟乙烯等疏水材料的空化初生数普遍比不锈钢、玻璃等亲水材料高，这是由于疏水材料的空化初生主要是表面气核的作用，而亲水材料的空化初生是流动气核起主要作用。

（5）压力梯度

空化现象是由于压强低而产生的，所以压强分布直接影响空化的初生。有些情况下，物体壁面上的逆向压强梯度很大，气核易稳定在物体表面成为表面气核；而当物体壁面上的逆向压强梯度小时，气核不易稳定在边壁的裂隙内，这时流动气核对空化起主要作用。物体壁面上的脉动压强也对空化初生有影响。对溢流坝下游反弧段进行空化特性研究发现，反弧段下切点与水平段连接处局部绕流速度增大，压力大幅降落，水流湍动加剧，边界层中心附近湍流强度和切应力均达到最大，空化数最小，使得易发生空化。实验表明，只要流场中某点的总压强（时均压强与脉动压强之和）低于流体的临界压强，就会发生空化，且当水流压力呈现周期脉动时，会使气核增长。这种生长机理与周期性脉动引起气核半径的非线性效应有关，因为随脉动压力周期性变化，气核中空气浓度也在不断变化。如平衡状态的气核半径为 R_0，则处于脉动正半周的气核半径 $R_1 < R_0$，而处于负半周的半径 $R_2 > R_0$。位于正半周时气核呈压缩状态，位于负半周时气核呈膨胀状态；压缩时泡内气体缩小，膨胀时泡内气体增大。但这两种状态的泡内气体浓度变化是不等量的，由于气体的扩散量与气泡的表面积成正比，在非线性脉动作用下，从气泡外部进入的气体量大于由内向外的扩散量。同时，受气体质量的影响，膨胀时气体总量大于压缩时的气体总量，每一循环周期的气体增量促使气泡半径增长，这种现象称为气泡整流扩散作用。袁新明、郑国化经研究认为，脉动压力对不平整突体的空化初生影响显著。实验表明，非流线型突体空化初生时的脉动压力强度可达 13%，圆化升坎空化初生时的脉动压力强度可达 2%。水流压强梯度对不平整突体的空化初生和脉动压力及边界层的发展都有不同程度的影响。在较大负压力梯度状况下，边界层的发展受到抑制和压力沿程降低，在这种状况下易产生空化。同一突体在负压力梯度状况下的初生空化数高于正压力梯度状况下的初生空化数。胡明龙也同样认为，在水流强烈的紊动下，由于压力脉动的影响，气核交替地膨胀和收缩，脉动负峰值可使瞬时压力降低，气核发育时间明显缩短，促使空化提前发生，初生空化数与压力脉动强度呈直线关系。

（6）高分子聚合物

Vander Meulen 用不锈钢和聚四氟乙烯制成的轴对称内衬进行实验，所用高分子聚合物为 WSR-301。结果表明高分子聚合物使不锈钢模型的初生空化数减小了约 30%，他分析是聚合物对边界层流态的影响，抑制了边界层中的脉动现象，从而导致初生空化数明显减小。

（7）热力学

何国庚、罗军等从非平衡态热力学理论出发，建立了有相变发生时球形气核与围流液体之间能量流和物质流的方程式，在此基础上，确定了自由气核空化初生的条件。得出球形自由气核空化初生必须满足液体压力小于临界压力 P^* 的条件，而临界压力 P^* 又小于当地液体温度下的饱和蒸气压力 $P_v(T)$，并与系统压力 P_∞ 降低过程中由气核与围流液体之间的热力学非平衡性有关，判断是否满足空化初生的条件不能以系统压力 P_∞ 为标准，而应以气核壁面的液体压力 P（实际上主要是气核内压力 P_i）为指标。

在液体中可以发现大量潜在的空化泡，它们以初级添加剂和污染物的形式存在。天然水体中添加剂和污染物的划分如图 1-3 所示。

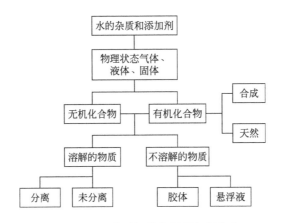

图 1-3　天然水域污染物及添加剂分布

根据工艺过程的不同，实际使用的水中可能会出现额外的杂质。也可以使用以前通过蒸馏提纯的水。

1.6　空化效应

在过去的几年里，人们对空化现象在许多与环境保护有关的领域中应用的可能性进行了深入的研究。空化驱动许多重要的物理化学效应，可用于降解和/或氧化水中的污染物。压力脉动产生的空化泡具有"微反应器"的功能，它在很短的时间内达到极端的温度和压力，并产生羟基自由基，羟基是最强大的氧化剂和优良的链式反应引发剂之一。

空化效应可以大致分为机械效应和物理化学效应，与空化泡从产生到内爆的变化有关（图 1-4）。

空化最著名的迹象是空化噪声产生的频率范围从 100Hz 到 100kHz，这是气泡内爆的结果。空化有利于能量的耗散，导致气泡和空腔坍塌附近的温度升高。内爆还会产生

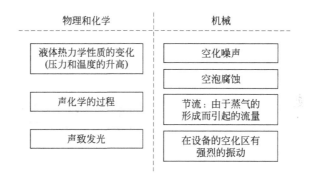

图 1-4　环境工程技术中有用的空化效应

一系列其他的物理化学和力学效应。空化泡的形成及其内爆的特征是非常高的能量密度，约为 $10^{18}\,\mathrm{kW/m^3}$。空腔的形成和消失可以发生在反应堆中数百万个位置，在物理化学过程发生的地方附近产生高温高压的局部条件。

在空化泡内爆过程中产生了一个主冲击波，其压力幅值约为 240MPa，分子速率可达 1700m/s。在气泡坍塌的地方，次级波也会以 1800m/s 左右的速率产生，压力高达 70GPa。

这些强烈的冲击波导致气泡中心温度急剧升高（＞1000K），相变边界表面显著增加，从而导致化学成分的变化，加速化学反应和传质。

1.7　水力空化的主要用途

1.7.1　降解有机物

水力空化降解有机物机理在于：水力空化产生的高温、高压的热效应与产生高活性自由基效应，破坏有机化合物化学键或者引起有机化合物自由基链式降解反应。研究者根据此原理，研究了水力空化过程中压力、时间、温度等因素影响有机物降解的规律，优化操作条件，得到降解有关有机物的最优水力空化工艺。同时，根据自身降解目标的状态与实际情况，设计了有针对性的水力空化装置，优化了有关设计参数。

卢贵玲等利用孔板水力空化-Fenton 试剂协同体系降解双酚 A。研究发现，孔径 1mm、孔板直径 40cm、孔数 61 与 Fenton 试剂空化降解效果最好；Fe^{2+} 浓度越大，强化降解越好；水力空化压差、过氧化氢对双酚 A 的降解效果会出现极值。邓冬梅等探讨了撞击流-文丘里管空化组合装置降解焦化废水可溶性有机物机理。经 UV-vis 光谱分析，空化过程中羟基自由基进攻有机物分子中碳碳双键，芳环结构被破坏，有机物变为小分子化合物。孔维甸等研究了水力空化强化二氧化氯氧化苯酚的降解机理。研究发现，降解过程符合一级动力学规律；效率提高 40%；随着压力增大，降解率先增大后减小；增加孔数、开孔环状分布，降解率较高；降解过程从醌类化合物氧化为脂肪酸，最终降解为水和二氧化碳。邓橙等研究了多孔孔板水力空化装置降解石油废水的机理及影响因素。羟基自由基引发链式自由基降解，产物为二氧化碳和水；石油废水有机物的去除效率为 84.28%，不引发二次污染；奠定了水力空化、吸附、膜分离协同处理石油废水理论基础。徐美娟等利用水力空化-Fenton 试剂协同处理废纸制浆废水，研究孔板特性参数对废水降解效果的影响。研究表明降解制浆废水符合一级反应动力学方程；过流率相同，缩小孔径提高降解效果；交错式孔口布局强化空化均匀分布；空化降解存在临界空化数。

1.7.2 化合物物理改性

水力空化物理改性，是指物质结构的变化所需要的能量或活性物质，是由流体物理性质改变而引发的，水力空化过程中，流体经过水力空化装置，流速增压力低于液体饱和蒸气压而产生的空化泡，空化泡随流体流动而生长、溃灭，产生强大能量场，从而引发物质结构变化。

任仙娥等通过涡流空化装置，研究水力空化对大豆分离蛋白结构的影响。水力空化处理样品 30min，乳化性、起泡性达到最大值；水力空化有利于功能蛋白的改性，有工业化的成本、操作、能耗的优势。黄永春等研究水力空化强化亚硫酸钙澄清原糖液过程中脱色效果。自行设计了涡流空化装置；强化亚硫酸钙脱色原糖液效果显著，脱色率提高 9.7%；优化工艺为空化时间 5s、压力 0.1MPa、温度 50℃。黄永春、吴修超等研究了水力空化对原糖溶液表面张力的影响，拓展了水力空化在制糖工业的应用。涡流水力空化作用初始表面张力显著下降；原糖溶液表面张力随水力空化温度下降、水力空化压力增加、原糖溶液浓度提高而降低。

1.7.3 灭活微生物

水力空化杀菌灭活微生物，机理在于水力空化产生的热效应、冲击效应等物理效应破坏了微生物的细胞结构，使微生物细胞代谢过程受到影响，抑制微生物繁殖，达到灭活、杀菌的效果。

董志勇等将方孔多孔板与文丘里管串联，灭活自来水中总菌落与大肠杆菌。25 方孔交错设计、喉部 300mm、出口角度 4.3° 串联空化装置灭活效果最理想；水力空化时间 20min 灭活效果达到极值。李大庆等将三角孔多孔板与文丘里管空化装置组合，对胜利河原水进行灭活研究。单位面积孔口越多灭菌效率越高；交错式优于棋盘式空化效果；交错排列式孔板与文丘里管组合灭活效果最优。王磊等研制了可变扩散角的文丘里管，用于杀灭水中微生物。提高喉部流速，降低空化数，提高杀灭微生物效率；空化效果最佳参数：扩散角 $\alpha = 4.3°$，扩散段 450mm，流速 30.70m/s。田一平等研究了常压电离放电协同水力空化灭活饮用水机理。空化过程中高浓度氧自由基是杀菌净化的根源；最优工艺参数为时间 3～10s、功率 160W、自由基浓度 0.8～1.2mg/L。叶德宁等设计了水力空化-电解耦合设备。流体经空化装置直接撞击电极板提高电子传递效率。

水力空化-电解耦合能够破坏藻类细胞超微结构，促进细胞壁与细胞质剥落、溶化，达到抑藻效果。

1.7.4 强化化合物的制备

有机化合物的合成过程需要分子间有效的接触距离与接触频率，水力空化的空化效应在流体流场内部产生冲击流和微射流，产生强烈的扰动机械效应，强化了流场内部物质的扩散与接触，加速了流体内部传质过程，尤其是对互不相溶的两相反应过程强化效果更为显著。

张昆明等设计了强化离子交联法制备壳聚糖抗菌微粒过程的文丘里管。装置参数入口直径 15mm、出口直径 20mm、缩段 10.2mm、喉管段 12mm、扩张段长度 18mm、喉管直径 3.2mm。最优工艺参数为压力 0.2MPa、时间 20min、质量浓度 3.0g/L、TPP-壳聚糖 6∶15、MIT 0.5mmol/L，微粒粒径均匀、分散性好、粒径更细、包封率更高。陈卫等自行设计了一种用于强化液-液非均相反应体系制备化合物的水力空化装置。水力空化微观混合，克服了机械搅拌过程中旋涡的出现，产率提高，能耗降低，时间缩短。通过正交实验，对环氧大豆油制备的工艺条件进行了优化。俞云良等利用孔板水力空化，强化高芥酸菜籽油、甲醇/KOH 制备芥酸甲酯与脂肪酸甲酯。通过增强醇-油不相溶体系的乳化效果，增加两相的接触机会与面积，加快传质速率，提高产率；反应时间缩减 50%，产率提高 5%，原料利用率接近 100%。

 参考文献

[1] Kożak J, Rudolf P, Hudec M, Štefan D, Forman M. Numerical and experimental investigation of the cavitating flow within venturi tube[J]. J. Fluids Eng., 2019, 141(4): 041101.

[2] Simpson A, Ranade V V. 110th anniversary: Comparison of cavitation devices based on linear and swirling flows: Hydrodynamic characteristics[J]. Ind. Eng. Chem. Res., 2019, 58(31): 14488-14509.

[3] Danlos A, Méhal J-E, Ravelet F, Coutier-Delgosha O, Bakir F, Study of the cavitating instability on a grooved venturi profile[J]. J. Fluids Eng., 2014, 136(10): 101302.

[4] Luo C H, Gu J Y, Tong Z P, et al. Dynamics of laser-induced cavitation bubbles near a short hole and laser cavitation processing with particles[J]. Optics & Laser Technology, 2021, 135(6): 106680.

[5] 王舰航, 尹招琴, 涂程旭, 等. 激光空化气泡溃灭对 SAP 弹性小球的作用[J]. 空气动力学学报, 2020, 38(4): 814-819.

[6] 魏威, 谷晓凤, 朱瑛, 等. 超声空化场强化甲苯烷基化反应生成乙苯的研究[J]. 现代化工, 2021, 41(4): 112-116, 121.

[7] 廖巨成, 穆子龙, 周鼎, 等. 基于超声空化效应的 SF6 退役吸附剂回收处理方法研究[J]. 绝缘材料, 2020, 53(1): 88-92.

[8] 李现瑾, 苑春莉, 余宏, 等. 厌氧处理结合超声空化高效破解剩余污泥[J]. 东北大学学报(自然科学版), 2015, 36(6): 868-871, 891.

[9] Mukherjee A, Mullick A, Vadthya P, et al. Surfactant degradation using hydrodynamic cavitation based hybrid

advanced oxidation technology：A techno economic feasibility study[J]. Chemical Engineering Journal，2020，398：125599.

[10] Innocenzi V，Prisciandaro M，Vegliò F. Study of the effect of operative conditions on the decolourization of azo dye solutions by using hydrodynamic cavitation at the lab scale[J]. The Canadian Journal of Chemical Engineering，2020，98(9)：1980-1988.

[11] 王永杰，晋日亚，孔维甸，等. 文丘里管与孔板组合降解苯酚废水研究[J]. 现代化工，2017，37(4)：160-163.

[12] 杨金刚，宋立国，卢凯旋，等. 水力空化强化二氧化氯的脱硝研究[J]. 华中科技大学学报(自然科学版)，2021，49(4)：67-72.

[13] 李欣年，冯涛，朱晓娟，等. 不同粒子成核的声空化核效应分析[J]. 原子能科学技术，2013，47(6)：1023-1028.

[14] 袁新明，郑国华. 脉动压力及压力梯度对不平整突体空化初生的影响[J]. 水动力学研究与进展(A辑)，1990(01)：56-64.

[15] Chahine G L，Frederick G F，Bateman R D. Propeller tip vortex cavitation suppression using selective polymer injection[J]. Journal of Fluids Engineering-transactions of The Asme，1993，115(3)：497-503.

[16] 何国庚，罗军，黄素逸. 空化初生的热力学影响研究[J]. 华中理工大学学报，1999(01)：67-69.

[17] 卢贵玲，朱孟府，邓橙，等. 水力空化联合 Fenton 降解双酚 A 的性能研究[J]. 水处理技术，2019，45(5)：29-33.

[18] 邓冬梅，李晴，黄永春，等. 文丘里管结构对焦化废水降解的影响[J]. 工业水处理，2018，38(2)：26-30.

[19] 孔维甸，晋日亚，贺增弟，等. 水力空化联合二氧化氯处理苯酚废水研究[J]. 现代化工，2017，37(5)：154-157，159.

[20] 邓橙，朱孟府，游秀东，等. 水力空化技术降解石油废水效能研究[J]. 水处理技术，2014，40(1)：100-103.

[21] 徐美娟，王启山，蒋跃军，等. 多孔板特性对水力空化-Fenton 反应处理废水的影响[J]. 天津大学学报，2012，45(7)：615-621.

[22] 任仙娥，黄永春，杨锋，等. 水力空化对大豆分离蛋白功能性质的影响[J]. 食品与机械，2014，30(2)：4-6，31.

[23] 黄永春，高海芳，吴修超，等. 水力空化强化糖液亚硫酸法脱色的研究[J]. 食品与机械，2014，30(3)：5-7，24.

[24] 黄永春，吴修超，任仙娥，等. 水力空化对原糖溶液表面张力的影响[J]. 食品与机械，2012，28(6)：16-18.

[25] 董志勇，张邵辉，杨杰，等. 多孔板与文丘里组合式空化灭活致病菌研究[J]. 浙江工业大学学报，2019，47(3)：268-272.

[26] 李大庆，董志勇，杨杰，等. 组合式水力空化杀灭原水中病原微生物的试验[J]. 水利水电科技进展，2019，39(3)：33-37，43.

[27] 王磊，董志勇，秦兆雨，等. 变扩散角文丘里式水力空化杀灭原水中病原微生物试验研究[J]. 水力发电学报，2017，36(9)：75-81.

[28] 田一平，周新颖，袁晓莉，等. 强电离放电等离子体在应急净化饮用水中的应用[J]. 高电压技术，2017，43(6)：1792-1799.

[29] 叶德宁，贾金平，许云峰，等. 水力空化耦合电解抑藻工艺改进及抑藻机理分析[J]. 环境科学与技术，2008(10)：43-46.

[30] 张昆明，陆小菊，黄永春，等. 文丘里管空化强化离子交联法制备壳聚糖抗菌微粒[J]. 高校化学工程学报，2019，33(1)：219-227.

[31] 陈卫，聂勇，吴振宇，等. 水力空化法制备环氧大豆油的实验研究[J]. 现代化工，2015，35(3)：66-70，72.

[32] 俞云良，陆向红，王云，等. 水力空化强化高芥酸菜籽油联产生物柴油和芥酸甲酯[J]. 太阳能学报，2011，32(9)：1365-1369.

第2章

水力空化的物理化学基础

本章介绍了关于液体空化现象的类型，根据不同的分类方式及产生方式，具体阐述了不同的液体空化类型。同时，分别介绍了空化物理学特性和化学特性。关于空化的物理学基础，本章着重介绍了水的相变特性、水相中气体的溶解性、水力空化的热力学模型、空化数、空化泡震荡和内爆等相关基础性概念。

关于空化的化学基础，本章介绍了空化的高级氧化过程。提出了空化作为一种新兴的水处理技术，在污水处理领域的应用主要利用其机械效应和化学效应。利用空化的化学效应降解污水中有机物主要途径有：高温热解、自由基氧化和超临界水氧化。通过研究发现，水力空化现象在污水处理方面具有极大的潜力和发展前景，为日后的研究提供了极强的理论基础。

2.1 水的相变特性

图 2-1 水的分子结构

水是一种由氢、氧两种元素组成的无机物，其分子结构如图 2-1 所示。水分子由两个氢原子分别和一个氧原子键合而成，每个氢原子和氧原子之间通过分享一对电子形成共价键，两个键间呈 105°角。水分子在结晶时会产生氢键缔合，因此会产生许多异常现象：如水在 3.98℃ 时密度最大（999.97kg/m³，近似计算中常取 1000kg/m³）；压力增加时水的冰点降低；水在结冰过程中，体积略有增加（约 10%）。这对水在其各种能量状态下的物理特性，特别是热学特性具有显著影响。

水的理化性质包括密度、流体系数、黏度、比热容、蒸发潜热、扩散系数和热导率等，会对空化现象产生影响，并有助于分析大多数液体的空化现象。对于水力空化现象，分析水的液态，气态（蒸汽）状态以及它们之间的过渡态是至关重要的。在气态下，蒸汽可以三种特征状态存在：

① 湿饱和蒸汽，在饱和状态下的液体称为饱和液体，其对应的蒸汽是饱和蒸汽，在水达到饱和温度（如定压加热）后，饱和水开始汽化，在水没有完全汽化之前，含有饱和水的蒸汽叫湿饱和蒸汽，这种状态对于空化是必不可少的；

② 干饱和蒸汽，待饱和水中的水分完全蒸发后是干饱和蒸汽；

③ 过热蒸汽，蒸汽从不饱和到湿饱和再到干饱和的过程中温度是不增加的，干饱

和之后继续加热则温度会上升，成为过热蒸汽。

　　图 2-2 和图 2-3 显示了单位质量下水的压力-温度（p-T）、压力-运动黏度（p-ν）和 T-s 相图，并显示了空化可能出现的区域。当液体在恒压下加热，或在恒温下用静力或动力的方法减压，最后达到一种状态——蒸汽空泡或充满气体与湿饱和蒸汽的空泡（或空穴）开始出现并发育。如果由于溶解气体的扩散或单纯因加温或减压而使所含气体膨胀，空泡将在缓慢的速率下发育。如果主要是汽化形成的空穴，空泡的发育就将是"爆发性"的。如果是由温度升高所引起，这一状态称为"沸腾"；若温度基本不变而由动压下降所引起，这一状态则称为"空化"。

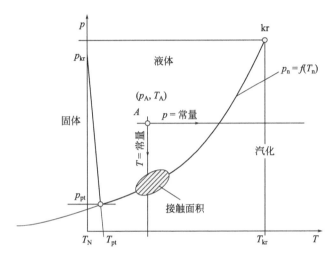

图 2-2　水的 p-T 相图

（三相点参数 p_{pt}，T_{pt}；临界参数 p_{kr}，T_{kr}；p_n 为液体的蒸汽压力；T_n 为液体的温度，取 273.15K）

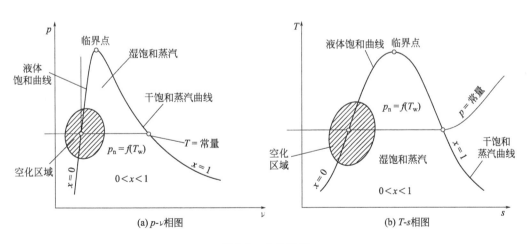

(a) p-ν相图　　　　　　　　　　(b) T-s相图

图 2-3　水的相图

　　利用吉布斯相律，可以写出表征连续空化阶段水的所有参数中自变量（自由度）的数目：

$$\varphi = s - f + 2 \tag{2-1}$$

式中　φ——相数；

　　　s——系统中的独立组分数；

　　　f——自由度的数量。

2.2　水相中气体的溶解性

水体与空气接触，空气中的 CO_2、O_2 等易溶于水的气体会以单个分子的形式存在于液体中。这些溶解于水中的气体与空气中的气体处于动态平衡之中。不同气体在水中的溶解度很不相同，这与气体分子的成分及结构有关。气体的溶解度还受温度、压力及水中其他组分的影响。在绝大多数情况下，温度升高，气体的溶解度减小。在固定温度条件下，气体的溶解度与压力成正比。图 2-4 和图 2-5 显示了水中二氧化碳、氧和氮的溶解度和温度之间的关系。

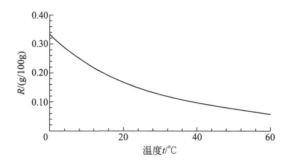

图 2-4　温度对水中二氧化碳溶解度（R）的影响

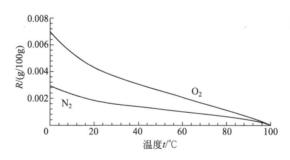

图 2-5　温度对水中 O_2 和 N_2 溶解度（R）的影响

溶解在液体中的气体的数量遵循亨利-道尔顿定律，该定律指出，气体混合物中各组分的溶解度与液体上方相应气体的分压成正比。气体在水中的溶解度随压力的增加而增加，随着温度的升高而降低。当水中溶解气体分压力的总和超过该处流体静压力时，水中成群的气体分子将以气泡的形式逸出。这一过程的容易程度与液体中气体饱和度的大小成正相关，在不饱和状态下，部分气体以直径为 $0.1 \sim 10 \mu m$ 的微小气泡形式出现，形成空化核。

2.3　液体空化的阶段及分类

水力空化的产生是由于管道几何形状的改变引起流体速度的变化而引起流体内部压力的变化。

（1）空化发生的三个连续阶段

① 空化泡的初生　在亚空化的流场中，如使其流速不变，逐渐降低其压强（或使压强不变，逐渐增加流速），直到流场内开始发生可见的微小空穴，则此时为临界空化状态，或称初生空化。

② 空化泡的发育　随着压强继续降低（或流速继续增大），水流中的空穴将继续增大，形成空化发展期。

③ 空化泡的溃灭　处于空化发展期的空化状态，若压强增加（或使流速降低），则空穴将逐渐减小以至最后消失，空穴最终消失的临界空化状态称为消失空化。它是空泡发展的最后阶段，压力降至极低，最后随着压力的恢复空化泡将发生溃灭。

（2）按空化泡的气体组分分类

液体（水）内部压强降低的幅值、波动程度和降低速率不同，空化的性质也不相同，根据空化泡的气体组分，空化可分为气态空化与蒸发空化。

① 气态空化　当水中溶解的气体向气核内扩散，气核缓慢生长为空泡时，泡内主要为气体，这种空化称为气体空化，多发生在压强高于或等于蒸汽压强时。

② 蒸汽空化　当气核到达临界尺寸即爆发性生长时，由于供气体扩散的时间很短，空泡内的气体总量无明显增加，泡内主要是蒸汽相，这种空化称为蒸汽空化。

（3）按空化的结构类型以及物理特性分类

根据空化的结构类型以及物理特性，可将空化划分为游移空化（traveling cavitation）、固定空化（fixed cavitation）、漩涡空化（vortex cavitation）和振荡空化（vibratory cavitation）几种类型。

① 游移空化　游移空化是一种由单个的瞬态空穴或空泡组成的空化现象，这些空穴或空泡在液体中形成，并随液体流动而膨胀、收缩、溃灭。这种游移的瞬态空泡可能沿着固定边界的低压点出现，或在液体内部的移动旋涡核心或紊动剪切场的高紊动区域内出现。这种空穴的"游移"是区别于其他瞬态空穴的标志。对于肉眼而言，游移空化可能呈现为准恒定流包围着的空化区。游移空化也会开始出现在靠近边界表面的水流中，或者恰好在沿表面的最低压力区，或者可能在其下游。空穴经过低压区时尺寸增大，进入超过蒸汽压力的区域后不久就迅速开始溃灭。由于压力脉动的作用，空泡溃灭至微不可见的尺寸后常常随即发生一系列重新开始或再生溃灭的过程。

② 固定空化　固定空化是指空化初生后有时发展的状态，水流从潜体或过流通道的固体边界脱离，形成附着在边界上的空腔或空穴。附着的固定空穴从准恒定的意义而言是稳定的。固定空穴有时呈现为具有强烈湍动的沸腾表面。在另外的情况下，液体和大空穴间的交界面可能光滑到透明的程度。曾经观察到邻近大空穴表面的液体包含许多小型的游移瞬态空穴。这些游移空穴迅速发育，在大空穴的上端接近最大尺寸，并直到尾端保持基本不变，然后消失。

有时通过液体掺混并随后从空化区尾端回充等过程，固定空穴可能发育成长然后溃灭，出现周期性循环。固定空穴的最大长度与压力场有关。这种现象可能在主流返回迎水前缘或"分离"线下游的固体表面终止，空穴也可能在主流汇合包围空腔之前延伸至物体之后相当距离。后一情况称为超空化（super cavitation）。如果空化发展到严重程度直至产生很长的超空穴，那就能清晰地用肉眼观察到固定空穴的基本特征。就此而论，对于紧靠固体边界的固定空穴，在流态不甚稳定的下游端可观测到相当大的扰动。由于空穴尾端回充水流的不稳定性和作用不明显的原因，空穴的长度相当迅速地变动，可能产生强烈振荡力。也可以用通气的办法来造成超空穴，但尾端的条件有些改变。

③ 漩涡空化　在漩涡空化中，可以发现在高剪切区形成的漩涡核心中有空穴存在。这种空化可能出现为游移空穴或固定空穴。漩涡空化是最早观察到的空化之一，因为它经常出现在船舶螺旋桨的叶梢。其实，这种空化通常属于"尖端"（tip）空化。尖端空化趋近于恒定流状态，此外尖端空化并非漩涡空化中仅有的一种。与游移空穴相比，漩涡空穴的寿命可能很长。因为漩涡一旦形成，即使液体流动到压力较高的区域，液体内的动量也会延长空穴的寿命。只有当空穴在物体表面或紧靠邻近的表面溃灭时，这类空化才能引起空蚀。

④ 振荡空化　前述空化类型有一个共同特点——某一液体单元仅通过空化区一次。振荡空化则是另一种重要的空化类型，它并不具备这一特点。虽然有时也兼有连续的流动，但其流速过低以至给定的液体单元经受不止一次而是多次的空化循环（其时段约为毫秒）。在振荡空化中，造成空穴生长和溃灭的作用力是液体中有一系列连续的高幅、高频压力脉动。这些压力脉动是由于固体的潜没表面沿其侧向振动，从而在液体中产生压力波。除非压力变化幅度大到足以引起压力降低到或低于液体的蒸气压，否则无空穴形成。因为振荡的压力场是这类空化的特征，因而称为振荡空化。

2.4　水力空化的热力学模型

2.4.1　相变界面处液-气转变的热力学模型

在目前已有的空化模型中，空化热力学效应通过气液界面的传热从而对气泡生长的影响还没有被考虑。由于在气液交界面附近，温度的降低将会影响气泡的生长，所以有必要考虑这一传热因素。

对于稳态，三维不可压缩湍流空化流动，其控制方程为：

$$\frac{\partial \rho_m}{\partial t} + \nabla(\rho_m U) = 0 \tag{2-2}$$

$$\frac{\partial}{\partial t}(\rho_m U) + \nabla\{\rho_m U \times U - \mu_m [\nabla U + (\nabla U)^T]\} = -\nabla p \tag{2-3}$$

$$\frac{\partial}{\partial t}(\rho_m h_m) + \nabla(\rho_m h_m U - \lambda_m \nabla T_m) = (\dot{m}^+ - \dot{m}^-)h_{fg} \tag{2-4}$$

$$\frac{\partial}{\partial t}(\alpha_1 \rho_1) + \nabla(\alpha_1 \rho_1 U_1) = \dot{m}^+ - \dot{m}^- \tag{2-5}$$

式中　ρ、μ、λ——密度、动力黏度、热导率；

U、p、h、T——速率、静压、静焓和当地温度；

h_{fg}——汽化热；

l，m——液相和混合相的下标；

$\dot{m}^+$、$\dot{m}^-$——凝结速率、蒸发速率；

α_1——液体孔的周长与孔的面积之比。

式（2-4）中等式右边源项 $(\dot{m}^+ - \dot{m}^-)h_{fg}$ 代表由空化的相间质量交换所引起的热量交换。

目前，大部分空化模型均基于由雷利（Rayleigh-Plesset）方程所推导出的输运方程。雷利方程描述了气泡在液相中的生长。忽略二阶项和表面张力项后，雷利方程可以简化为如下的方程：

$$\frac{dR_b}{dt} = \sqrt{\frac{2}{3} \times \frac{p_v - p}{\rho_1}} \tag{2-6}$$

式中　R_b——气泡半径；

p_v——汽化压力，认为等于气泡内的压力；

p——气泡周围液体的静止压力。

在一个简单的空化模型中，质量传输通常认为只由动力效应驱动，即液相和气相的压力差，而不是热力学效应。对于在高温水中发生的空化，需要考虑由于空化相变所引起的热力学效应。

由于液体汽化时吸收汽化热，导致空泡附近液体温度降低，从而形成空泡外的薄液体边界层。由于热力学边界层的存在，使得泡内和泡外形成一温度差 ΔT，这一温度差对气泡的生长存在影响。由空化带来的热力学效应可以使空化区的温度下降 $1 \sim 2K$，故我们采用 Plesset 和 Zwick 的公式，将温度对气泡生长的影响考虑到空化模型中。于是，温度控制下气泡生长规律为：

$$R_b = 2C_s \sqrt{a_1 t} \tag{2-7}$$

式中　C_s——经验系数；

a_1——液体的热扩散系数。

从上式可以得到由传热所控制气泡的生长速率为：

$$\frac{dR_b}{dt} = \sqrt{\frac{3}{\pi}} \times \frac{\rho_1 C_p \Delta T}{\rho_v h_{fg}} \times \sqrt{\frac{a_1}{t}} \qquad (2-8)$$

式中　C_p——比热容，J/(kg·K)。

结合式（2-6）和式（2-8），考虑空化热力学效应后得到的空化凝结、蒸发速率为：

$$\dot{m}^+ = C_{con} \frac{3\alpha_v \rho_v}{R_b} \left(\sqrt{\frac{2}{3} \times \frac{(p-p_v)}{\rho_1}} + \sqrt{\frac{3}{\pi}} \times \frac{\rho_1 C_p (T_s - T)}{\rho_v h_{fg}} \times \sqrt{\frac{a_1}{t}} \right) \qquad (2-9)$$

$$\dot{m}^- = C_{vap} \frac{3r_g(1-\alpha_v)\rho_v}{R_b} \left(\sqrt{\frac{2}{3} \times \frac{(p_v-p)}{\rho_1}} + \sqrt{\frac{3}{\pi}} \times \frac{\rho_1 C_p (T - T_s)}{\rho_v h_{fg}} \times \sqrt{\frac{a_1}{t}} \right) \qquad (2-10)$$

式中　C_{con}——凝结速率项的经验系数，其值取为 0.002；

　　　C_{vap}——蒸发速率项的经验系数；

　　　α_v——气体体积分数；

　　　r_g——液体中所含气体的体积分数。

为了准确地模拟湍流空化流，结合式（2-2）、式（2-3）、式（2-4）与所提出的空化模型式（2-9）、式（2-10）进行计算。另外，在计算中，气相和液相的一些热力学特性，如密度、汽化压力等需要定义成为压力和温度的函数。另外，为了封闭方程组，采用了标准 k-ε 湍流模型。

2.4.2　空化泡动力学模型

如果在空间中空泡的密度不太大，则每一个空泡将独立运动，而邻近空泡运动对其影响可忽略。因此，研究单个空泡的运动特性及其有关动力变化过程对不同类型的空化均具有普遍意义，有关的学科称为"空泡动力学"。

对于空泡动力学的研究，第一个获得空泡动力特性分析解方程的研究者是 Lord Rayleigh。他采用能量平衡原理，对无穷域、均质、无黏性不可压缩流体中一个空泡的溃灭进行求解，得到了著名的空泡径向运动方程，从而奠定了空泡动力学的发展基础。在此基础上又有许多学者做出了显著贡献。

Rayleigh 最初研究的对象是在均匀的无限流体介质中存在一个孤立的球形气泡，忽略压缩性及流体黏性的影响，这时气泡只能做径向运动。下面简要给出 Rayleigh 方程的推导过程：

令液体中各点速度为 $\bar{u}(r,t)$、压力为 $p(r,t)$，密度为 ρ，在不可压缩的假设下，满足以下的连续性方程和运动方程：

$$\nabla \bar{u} = 0 \qquad (2-11)$$

$$\frac{\partial u}{\partial t} + \frac{1}{2}\nabla(\bar{u} \cdot \bar{u}) - \bar{u} \times (\nabla \times \bar{u}) = -\frac{\nabla p}{\rho} \qquad (2-12)$$

既然球形气泡只有径向运动，因为是无旋的，可引入速度势函数 ϕ，令：

$$\phi = \phi(r), u_r = \frac{\partial \phi}{\partial r} \tag{2-13}$$

则连续性方程式（2-11）用 ϕ 来表示，满足拉普拉斯方程：

$$\nabla^2 \phi = 0 \tag{2-14}$$

满足 $r \to \infty$、$\nabla^2 \phi = 0$ 的解为：

$$\phi = \frac{A}{r} \tag{2-15}$$

式中　A——t 的函数。

利用气泡壁上的速度连续性条件：

$$\dot{R} = u_{r=R} = \frac{\partial \phi}{\partial r}_{r=R} = -\frac{A}{R^2} \tag{2-16}$$

可得：

$$A = -R^2 \dot{R}, \phi = -\frac{R^2}{r}\dot{R}, u_r = -\frac{\partial}{\partial r}\left(\frac{R^2}{r}\dot{R}\right) \tag{2-17}$$

将以上表达式代入方程式（2-12），可得：

$$\frac{\partial}{\partial t}\left[-\frac{\partial}{\partial r}\left(\frac{R^2}{r}\dot{R}\right)\right] + \frac{1}{2}\frac{\partial}{\partial r}\left[\frac{\partial}{\partial r}\left(\frac{R^2}{r}\dot{R}\right)\right]^2 = -\frac{1}{\rho}\frac{\partial p}{\partial r} \tag{2-18}$$

上面方程式（2-18）进行 Lagrange 积分，可得：

$$\frac{1}{2}\left(\frac{R}{r}\right)^4 \times \dot{R}^2 - \frac{1}{r}(2R\dot{R}^2 + R^2\ddot{R}) + \frac{p}{\rho} = \frac{p_\infty}{\rho} \tag{2-19}$$

式中　p_∞——无穷远处的环境压力。

为了得到泡壁的运动规律，令上式中 $r = R$，可得：

$$R\ddot{R} + \frac{3}{2}\dot{R}^2 = \frac{p_R - p_\infty(t)}{\rho} \tag{2-20}$$

其中 $p_R = p(r, t)|_{r=R} = p(R, t)$。

该方程就是理想球形气泡的运动方程，最初由 Rayleigh 于 1917 年获得，故称为 Rayleigh 方程。

Plesset 将表面张力和黏性效应计入 Rayleigh 模型，并以实际流动中随时间变化的环境压力 $p(t)$ 代替不变的液体环境压力，得到了 Rayleigh-Plesset 方程：

$$R\ddot{R} + \frac{3}{2}(\dot{R})^2 = \frac{1}{\rho}\left[p_i - p(t) - \frac{2\sigma}{R} - \frac{4\mu}{R}\dot{R}\right] \tag{2-21}$$

式中　σ——表面张力；

　　　μ——液体的黏度；

　　　p——气泡内压力，可以随时间变化。

Rayleigh-Plesset 方程可以很好地研究球形气泡的行为。

2.4.3　空化泡的静态平衡

如果产生空化的水体环境温度较低，空泡形成后周围水体温度的变化也不会很大，故可将其视为等温状态。这样，泡内的饱和蒸汽压 p_v 可视为常数。

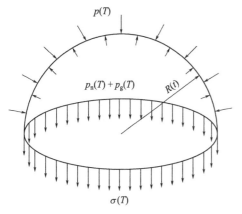

图 2-6 球形空泡的静平衡

对水中处于静止状态的孤立球形空泡，设泡内只含有水蒸气，如图 2-6 所示。在忽略水中气体扩散的情况下，空泡的平衡条件为：

$$p = p_v - \frac{2S}{R} \tag{2-22}$$

式中　p——空泡周围壁面上的水体压强；

　　　p_v——泡内的饱和蒸汽压强；

　　　S——水的表面张力；

　　　R——球形空泡半径。

空泡膨胀的条件是：

$$p < p_v - \frac{2S}{R} \tag{2-23}$$

假如空泡的初始半径很小，如 $R = 10^{-9}$ m（比分子的半径大很多倍），则由表面张力产生的拉应力为 145×10^3 kN（接近 150MPa），空泡在膨胀时必须克服这么大的拉应力。

实际上，一般空泡中除水蒸气外，还有从周围水体中扩散到泡内的原溶于水的某些气体。此时，静力平衡方程式可写为：

$$p = p_v + p_g - \frac{2S}{R} \tag{2-24}$$

式中　p_g——泡内气体分压。

如认为 p_v 是常数，并且由于周围水体的热容量很大、气体质量很小，气体由水体向泡内扩散引起的热量不平衡很快会由周围水体调节，则泡内蒸汽和气体的温度可认为是常数。

随半径 R 的变化，p_g 变化可有三种情况：

① 按理想气体气态方程变化：

$$p_g = \frac{NT}{R^3} \tag{2-25}$$

② 若 R 的变化过程很慢，视为理想气体等温过程：

$$p_g = p_{g0} \frac{V_0}{V} = p_{g0} \left(\frac{R_0}{R}\right)^3 \tag{2-26}$$

③ 若 R 的变化过程很快，视为理想气体绝热过程：

$$p_g = p_{g0} \left(\frac{V_0}{V}\right)^\gamma = p_{g0} \left(\frac{R_0}{R}\right)^{3\gamma} \tag{2-27}$$

式中　T、N、γ——泡内热力学温度、泡内摩尔气体常数［8.314J/(mol·K)］、气体绝热指数；

　　　p_{g0}、R_0、V_0——某一初始状态时的气体分压、泡半径和体积；

　　　p_g、R、V——变化着的气体分压、泡半径和体积。

由式（2-24）可知，初始状态时有下列关系：

$$p_0 = p_v + p_{g0} - \frac{2\sigma}{R_0} \quad \text{或} \quad p_{g0} = p_0 - p_v + \frac{2\sigma}{R_0} \tag{2-28}$$

把式（2-28）代入式（2-26），可得出静力平衡条件下 R 与所对应的泡外压强 p 之间的关系：

$$p = p_v + \left(p_0 - p_v + \frac{2S}{R_0}\right)\left(\frac{R_0}{R}\right)^3 - \frac{2S}{R} \tag{2-29}$$

由式（2-29）可以得出等温过程的 $p = p(R)$ 关系曲线，如图 2-7 所示，图中取 $p_0 = 101.325 \text{kN/m}^2$（即一个标准大气压）；$p_v = 1.96 \text{kN/m}^2$。

对式（2-29）求导，并令 $\dfrac{\mathrm{d}p}{\mathrm{d}R} = 0$，可得相应的空泡半径 R_c（临界半径）和压力 p_c（临界压力）。

$$R_c = \sqrt{3} R_0 \sqrt{\frac{R_0}{2S} p_{g0}} \tag{2-30}$$

$$p_c = p_v - \frac{2}{3} \times \frac{2S}{R_c} \tag{2-31}$$

临界半径的另一表达式为：

$$R_c = -\frac{4S}{3(p_c - p_v)} \tag{2-32}$$

由图 2-7 可见，对应每一个 NT 值（等温条件下即对应于每一个 R_0 值）均有一条 $p(R)$ 曲线。当 $(p_0 - p_v)$ 超过一定值时，其所对应的 R 是唯一的确定值，而当 $(p_0 - p_v)$ 低于一定值时，则其所对应的 R 值可有两个，其中一个 R 值是处于曲线左侧单调下降的部分，另一个 R 值则处于曲线右侧单调上升的部分。可以看出：处于曲线左侧的点，如因偶然原因使半径 R 稍增加，则泡中的压强将降低，这样，气泡就会被原来处于平衡状态下周围水体的较大压强压缩而恢复到原来的平衡状态。故曲线的左支为"稳定平衡状态"。而处于曲线右侧上的点，如因偶然原因半径稍增加时，则泡中的压强将增加，由于增加后的压强较原来处于平衡状态下周围水体的压强大，小气泡会继续增大而形成空穴，故曲线的右支为"不稳定平衡状态"。

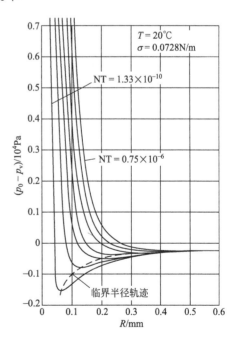

图 2-7　气泡半径 R 与压强 P 之间的关系曲线

上述现象的物理解释为：在曲线左支 R 的绝对值较小，当 R 稍增大时，泡内的 p

将与 R^3 成反比，而表面张力则与 R 成反比，故前者减小快，而后者减小慢，表面张力的作用就会加大，致使 R 减小而使空泡恢复平衡。曲线右支所对应的 R 绝对值较大，当 R 稍增大时泡内的压强虽也有所减少，但因泡径较大故减少的量不明显，可是表面张力却由于泡半径的变化而明显减少，这样，泡内压强的作用就会加大，致使空泡半径加大，而且空泡半径会无限制地膨胀，可使小空泡变成可见的空穴。

当然，上述理论及解释都是近似的，因为空泡的膨胀会引起周围水体的运动而改变原来的静力平衡条件。但是，利用上述理论可以定性地解释气体核在一定条件下将会膨胀发展而成为可见的空穴现象。

2.5 空化数、空化泡震荡和内爆

2.5.1 空化数

影响水中空化产生与发展的主要变量有流动边界形状、绝对压强和流速等，其中最基本的量为压强与流速，一般均以这两个变量为基础来建立标志空化特性的参数。

以绕流物体的情况为例，对绕流物体而言，由于物体与水流间的相对运动，物体上各处的压强会有所不同，为了标志物体上的压强分布特性，通常利用下式表示压强系数：

$$C_p = \frac{p - p_0}{\rho v_0^2 / 2} \tag{2-33}$$

式中 C_p ——压强系数；

     p ——绕流物体上讨论点的压强；

     p_0 ——未受绕流物体扰动的参考压强；

     ρ ——水的密度；

     v_0 ——未受绕流物体扰动的参考流速。

物体上压强最小处的压强系数称为最小压强系数，即：

$$C_{p,\min} = \frac{p_{\min} - p_0}{\rho v_0^2 / 2} \tag{2-34}$$

一般来讲，无空化发生并忽略雷诺数的影响时，该值仅取决于物体的形状。可以用使 p_0 不变，加大 v_0；或使 v_0 不变，降低 p_0 的办法减小 $p_{\min}$。这样，当 $p_{\min}$ 减小至某一临界值时，在该压强最小处将会出现空化现象，产生空穴。如设此时空穴内的压强为 p_b，则可定义空化数为：

$$\sigma = \frac{p_0 - p_b}{\rho v_0^2 / 2} \tag{2-35}$$

通常认为空化所产生的空泡内部充满水蒸气，泡内压强为饱和蒸汽压强 p_v，而绕流物体上如果发生空化，应首先发生在压强最低点，且其值 $p_{\min}$ 应等于 p_v。

此时有

$$\sigma = \frac{p_0 - p_v}{\rho v_0^2 / 2} \tag{2-36}$$

空化数 σ 是无量纲数，主要有以下几个特点：空化数与管中的流体速度是独立的，和孔的尺寸有一定的关系；空化数随 β（$\beta = d/D$，d 是限流区域的直径，D 是管径）线性增加；实际的空化现象一般发生在空化数在 $1 \sim 2.5$ 之间，随着空化数的减小，空化越发剧烈。

通常使用空化数来表示空化状态的特性，但这种表示方法并不完善。固体与水做相对运动时，水的内部或水与固体交界面上的空化状态一般可分为亚空化状态（即还没有发生空化的状态）、临界空化状态（即开始出现空化的状态）和超空化状态（即固体整个边界面上和靠近固体的尾端都出现空化的状态）。不同空化状态的空化数的值是不同的，当 $p_0 - p_v$ 值越大时，空化数就越大，水流越不易产生空化；V_0 越大，空化数越小，水流越容易产生空化。

空化数可以在一定条件下表示两个水流系统间空化现象的相似性。也就是说，在雷诺数 Re、弗劳德数 Fr、韦伯数 We 等相似准数相等的情况下，当两个水流系统的空化数相等时，则可以认为其空化现象也一样；但这只是理论上从力的对比关系上讲是正确的，实际上由于空化数本身并未包括其他影响空化的因素在内，故当两个水流系统间的比尺改变时，这些因素的影响所表现的程度也不同，表现出明显的"比尺影响"（也称为"尺度效应"）这点在应用时要予以足够的重视。

空化数有以下 3 个方面的意义：

（1）判断空化初生和衡量空化强度

当流场内最低压力达到空化核不稳定的临界压力 p_i（也称为不产生流动时的最小压力）时，空化现象就会首先在该处发生，这时的空化数称为临界空化数或初生空化数，即

$$\sigma_i = \frac{p_0 - p_v}{\rho V_0^2 / 2} \tag{2-37}$$

对任何流场，$\sigma > \sigma_i$ 时不会发生空化；当 $\sigma \leqslant \sigma_i$ 时，则会发生空化。另一方面，对于给定的流场，空化程度随（$\sigma_i - \sigma$）值的增加而增加。σ 值越大，流场中越不易空化。

（2）描述设备对空化破坏的抵抗能力

各种水力机械都有相应的 σ 值，σ 值越低，说明产生空化所需的压力越大，该设备抵抗空化破坏的能力越强。

（3）衡量不同流场空化现象的相似性

在雷诺数 Re、弗劳德数 Fr、韦伯数 We 等相似准数相等的情况下，当两种流动状

态的空化数相等时，则可认为其空化现象也相似。需要注意的是，当原形与模型几何相似，且 Fr 数及空化数相等时，两者间不一定存在动力相似，这一现象称为"比尺影响"。

2.5.2 空化泡震荡和内爆

如果气泡外部流场压力增大，当大于泡内压强时，空化气泡将被压缩，其体积缩小，导致空化气泡不再稳定，这时气泡内的压强已不能支撑其自身的大小，开始溃陷并产生空化效应。当产生空化后，由于液体流速很快，微气泡的生成、增大、收缩、溃灭的时间很短，从而导致气泡附近的液体产生强烈的激波，形成局部点的极端高温高压。可见空泡的溃灭是造成空化效应的重要因素。空泡溃灭是一个极其复杂的物理过程，迄今为止，单靠纯解析的理论方法还无法分析气泡溃灭的全过程。利用高速摄影技术（1000000 帧/s 以上）可以观察气泡溃灭时的形状和射流顶端的速率大小，但由于气泡尺寸较小，而气泡产生射流后的溃灭速率极快，要详细测量目前还存在许多困难。

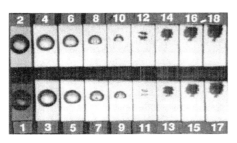

图 2-8 单气泡的溃灭

图 2-8 所示的是一个近壁处气泡溃灭的图片。图中每张图片的时间间隔是 $2\mu s$，图片宽度为 1.4mm。由图片可以看出，气泡溃灭时间短暂，几乎在瞬间完成，溃灭时产生了指向壁面的微射流。图 2-9 为不同位置处空泡的射流-溃灭模式。从图中可以看到，气泡所处位置不同，溃灭模式也不一样，射流的形成方向不同。附

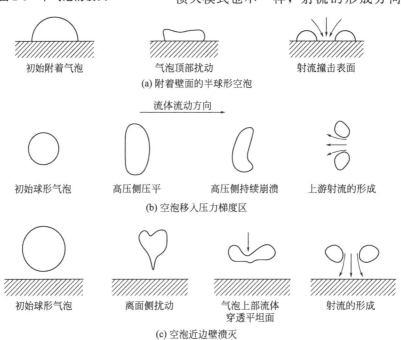

(a) 附着壁面的半球形空泡

初始附着气泡　　气泡顶部扰动　　射流撞击表面

流体流动方向

初始球形气泡　　高压侧压平　　高压侧持续崩溃　　上游射流的形成

(b) 空泡移入压力梯度区

初始球形气泡　　离面侧扰动　　气泡上部流体穿透平坦面　　射流的形成

(c) 空泡近边壁溃灭

图 2-9 射流-溃灭模式

着在壁面或者临近壁面的气泡，溃灭时都会形成指向壁面的微射流，因此会造成壁面的空蚀。远离壁面的气泡，溃灭时射流在流体内部产生，形成一系列的空化效应。目前，对于空泡溃灭产生巨大能量的现象可以用空泡群理论解释，目前关于空泡群溃灭过程有如下几个模型：

① 单个空泡溃灭时，形成的冲击波叠加成一个单个的高强度的破坏性冲击波。

② 多个空泡同时发生溃灭时，构成一个巨大的冲击波。

③ 基于能量传递的观点，溃灭的空泡将能量传递给未破裂的。

外部空泡的破裂导致其周围局部压力增加，这个压力使其内部空泡破裂，因此，单个空泡的潜在破坏性或溃灭压力沿空化群中心逐渐增加。目前的研究中，更倾向于采用第三种模型来解释现有的空泡溃灭时的情形。由于空化过程蕴含着十分复杂的湍流现象，而湍流问题的研究一直是流体力学上的难点，因此直接模拟空化流场来计算空化能量是十分困难的。现在所取得的计算结果也是将空化流场进行相当大程度的简化，所得结果均误差较大，且计算量也相当大。表 2-1 是早期研究中对溃灭压力的一些计算结果。

表 2-1　早期研究中空泡溃灭时计算的压力

研究者	外部压力/MPa	内部气体常数 (C_p/C_v)	初始空泡压力/MPa	初始空泡半径 R_0/mm	溃灭时空泡半径与初始空泡半径之比 (R/R_0)	溃灭时最大压力/atm
特里林	0.15	1.4	2×10^{-3}	10	0.064	2200
希克林	0.1	1.4	10^{-4}	—	0.017	25000
希克林	0.1	1.4	10^{-5}	—	0.006	250000
伊万尼	0.1	1.3	10^{-4}	1.27	0.0098	67700
伊万尼	0.1	1.3	10^{-5}	1.27	0.0031	582000

注：1atm=101.325kPa。

在早期的研究中由于实验条件的限制，很少有人用实验的方法测量。Harrison 报道过在离溃灭点 10cm 处液体中的压力测量，记录到压力峰值达到 10atm。他推断，在溃灭点可能显示高达 4000atm 的压力。也有研究者通常利用研究产生空化、空蚀破坏的水利设备上的麻点、凹坑的形态和大小来估算空化泡溃灭时产生的高温高压。随着传感器的发展，压电式传感器逐渐成为研究者们利用的主要测量工具，但这些传感器都需要特别设计制造。Jones 和 Edwards 利用自制的压电式传感器测得溃灭压力最高可达10GPa，Kirejczyk 利用类似的方法测得压力范围为 4.8~8.1GPa。从可以获得的这些数据中可以看出，空泡就好像一个能量高度集中的微小体，一旦溃灭压力会大得惊人。由于空泡在溃灭时会产生如此大的能量，高温、高压的极端条件是产生一系列空化效应主要原因，主要包括机械效应、热效应、发光效应和活化效应等，这些空化效应被广泛应用到各个领域。

2.6 空化中的高级氧化过程

空化技术作为一种新兴的物化水处理技术，在污水处理领域的应用主要利用其机械效应和化学效应。空泡溃灭产生的高速液体射流可形成强大的剪切力，该剪切力可使大分子主链上的碳键断裂以及破坏微生物细胞壁，从而达到降解高分子和使微生物失活的作用，实现水质的净化。空化的化学效应在难降解有机物的去除过程中占有更重要的地位。利用空化的化学效应降解污水中有机物主要有三种反应途径：高温热解、自由基氧化和超临界水氧化。

2.6.1 高温热解

在空化泡内部区域，由于温度和压力极高，反应途径主要为高温热分解反应，是非极性、易挥发有机物降解的主要方式。Misik 等利用形成 H、D 原子的动力学同位素与温度有关的半经验模型，估计热空化区域的有效温度。在热点区域，由空化引起的水分子裂解生成 H 和 D 原子。H_2O 和 D_2O 混合液（1/1）以 Ar 气饱和，50kHz 的超声波辐照，生成的 H 和 D 原子以硝酮捕获，EPS（胞外聚合物）检测。从研究结果估算空化泡溃灭时的平均有效温度为 2000～4000K。Mason 等估算出空化泡溃灭时的最高温度为 4200K 左右，压力为 98.8MPa。

假设空化泡的溃灭过程是绝热升温过程，有关的理论研究已给出了计算瞬态空化泡内部在发生溃灭瞬间的最高温度和最大压力：

$$T_{max} = T_0 \left\{ \frac{p_m(\gamma-1)}{p_0} \right\} \tag{2-38}$$

$$p_{max} = p_0 \left\{ \frac{p_m(\gamma-1)}{p_0} \right\} \tag{2-39}$$

式中　T_{max}——空化泡溃灭时泡内的最高温度；

　　　T_0——体相温度；

　　　γ——C_p/C_V，是空穴介质的比热比；

　　　p_0——气泡最大尺寸时的压力，通常为水的蒸气压；

　　　p_m——气泡溃灭时的瞬时压力，即静水压和声压的总和。

比较速率量温法公式：

$$T_{eff} = (-E_A/R)\ln(k/A) \tag{2-40}$$

式中　T_{eff}——反映区域的有效温度；

　　　E_A——表观活化能；

　　　R——摩尔气体常量；

　　　k——速率常数；

　　　A——指前因子（也称频率因子）。

利用该公式及实验测得的速率常数，可以估算出反应区域的有效温度。

Jiang 等研究了水中氯苯、1,4-二氯苯和 1-氯萘的空化降解机理。通过分析降解产物发现，氯苯的降解速度非常快，并且几乎在降解的同时释放出 Cl·，表明 C—Cl 键迅速断裂，其他产物如 CO、C_2H_2、CH_4 和 CO_2 的生成证明苯环发生了高温裂解。实验中检测到来自·OH 氧化的中间产物的产率非常低（小于 $2\mu mol/L$），并且随着空化时间的延长而消失。而且氯苯的存在并没有显著影响 H_2O_2 的产率，表明由·OH 和 H_2O_2 氧化的可能性非常小。实验中还发现 NO^{2-} 和 NO^{3-} 的生成在反应初期受到了限制，这主要是由于氯苯扩散到泡-液界面，限制了溶解在水中的 N_2 分子与自由基间的相互作用。此外在整个空化过程中都存在的褐色碳粒与高温分解条件下产生炭黑的现象相一致。由上面的实验结果，Jiang 等将氯苯的空化降解机理总结如下：

首先，由于高温燃烧脱氯并生成 Cl·，此外氯苯的 C—H 键也将发生高温断裂：

$$C_6H_5Cl \longrightarrow C_6H_5\cdot + Cl\cdot$$
$$C_6H_5Cl \longrightarrow C_6H_4Cl\cdot + H\cdot$$

由于 C—Cl 键的键能（400kJ/mol）低于 C—H（463kJ/mol），所以反应以 C—Cl 键断裂为主，绝大多数氯苯被热解为 $C_6H_5\cdot$ 和 Cl·。空化处理 50min 后出现的褐色碳粒随处理时间延长而愈加使溶液变暗且浑浊，表明 $C_6H_5\cdot$ 可能被进一步降解成 $C_4H_3\cdot$、C_2H_2 和 C：

$$C_6H_5\cdot \longrightarrow C_4H_3\cdot + C_2H_2$$
$$C_4H_3\cdot \longrightarrow C_4H_2 + H\cdot$$
$$C_4H_2 \longrightarrow C_2H_2 + 2C$$

然后 C_2H_2 在空化泡内或界面高温区进一步氧化：

$$C_2H_2 + \cdot OH \longrightarrow CO + \cdot CH_3$$
$$\cdot CH_3 + H\cdot \longrightarrow CH_4$$
$$CO + \cdot OH \longrightarrow H\cdot + CO_2$$

Francony 等研究了水溶液中 CCl_4 的空化降解，结果表明 CCl_4 的降解发生在空化泡内，最终产物为 CO_2 和氯化物，并且由 GC/MS 检测到了热解中间活性物种：Cl·、$CCl_3\cdot$ 和：CCl_2。其反应机理如下：

$$CCl_4 \longrightarrow CCl_3\cdot + Cl\cdot$$
$$CCl_3\cdot \longrightarrow :CCl_2 + Cl\cdot$$

Petrier 等研究了具有不同物理化学性质的 CCl_4 和酚的空化降解过程及机理。发现 CCl_4 的降解反应主要是空化泡内的高温裂解，而且降解速率非常快。酚降解的主要中间产物为对苯二酚和邻苯二酚，且降解反应速率较 CCl_4 的降解速率低一个数量级。以过量的 1-丁醇作为·OH 的清除剂，结果酚的降解反应被完全禁止。因此，酚的降解反应主要是·OH 和 H_2O_2 等氧化物种的氧化作用。

2.6.2 自由基氧化

在空化泡溃灭的瞬间（100ns 以内）伴随发生的高温、高压下，H_2O 裂解生成自由基，这些自由基具有较高的氧化电位可以氧化有机物分子，从而降解一些有机污染物：

$$H_2O \longrightarrow \cdot OH + H \cdot$$

$H \cdot$ 和 $\cdot OH$ 可以重新结合生成 H_2O 和 H_2，或与 O_2 作用生成 $HOO \cdot$ 和 H_2O_2：

$$H \cdot + O_2 \longrightarrow HOO \cdot$$

$$\cdot OH + \cdot OH \longrightarrow H_2O_2$$

$$H \cdot + H \cdot \longrightarrow H_2$$

$$H \cdot + \cdot OH \longrightarrow H_2O$$

$$HOO \cdot + HOO \cdot \longrightarrow H_2O_2 + O_2$$

这些自由基进一步与 H_2O_2 反应生成 H_2、H_2O 及其他自由基：

$$H \cdot + H_2O_2 \longrightarrow \cdot OH + H_2O$$

$$H \cdot + H_2O_2 \longrightarrow H_2 + HOO \cdot$$

$$\cdot OH + H_2O_2 \longrightarrow HOO \cdot + H_2O$$

$$\cdot OH + H_2 \longrightarrow H_2O + H \cdot$$

当 O_2 溶解在水溶液中，也会被高温裂解形成 [O] 并将与 $H \cdot$ 结合生成 $\cdot OH$，O 又与 H_2、H_2O_2 及 $HOO \cdot$ 等作用生成 O_2 和其他自由基：

$$O_2 \longrightarrow 2 [O]$$

$$H \cdot + O_2 \longrightarrow \cdot OH + [O]$$

$$[O] + H_2 \longrightarrow \cdot OH + H \cdot$$

$$[O] + HOO \cdot \longrightarrow \cdot OH + O_2$$

$$[O] + H_2O_2 \longrightarrow \cdot OH + HOO \cdot$$

由于酚类化合物不易挥发且分子中有亲水性官能团 $\cdot OH$，因此不利于进入疏水性的空化泡内而发生高温裂解，其空化降解的主要途径是在空化泡界面层和溶液体相区域，由 $\cdot OH$ 攻击芳环生成羟基加成产物。水中空化泡界面 $\cdot OH$ 的浓度估计为 4×10^{-3} mol/L。Janet 等研究了酚的空化降解机理，实验表明，$\cdot OH$ 与酚的氧化反应为酚降解的主要途径。Serpone 等研究了氯代酚的空化降解机理，研究表明，2-氯酚降解的主要中间产物是氯代对苯二酚和少量的邻苯二酚；氯代对苯二酚也是 3-氯酚的主要降解中间产物；而 4-氯酚的主要降解中间产物则为对苯二酚和少量 4-氯代间苯二酚。从所得的中间产物推断反应的机理是 $\cdot OH$ 攻击底物产生羟基加成物——氯代二羟基环己二烯自由基。

2.6.3 超临界水氧化

尽管空化泡的基本物理化学性质可以很好地理解，但是有关空化场的许多问题仍未解决。尤其是在气泡界面动态的温度和压力变化以及对化学反应的影响尚需进一步探索。

水的物理化学性质如黏度、电导率、离子活度、溶解度、密度和比热容在超临界区发生突变，使其具有低的介电常数、高的扩散性、快的传输能力和很好的溶剂化特征。

根据对一个溃灭的气泡及其周围液体薄层的温度的估计，可以描述在气泡刚溃灭后，气泡周围的时间和空间的温度分布。可以假定：①溃灭的气泡是一个植入在周围温度不定基质中的热的瞬时点源；②传热方式只有热传导；③气泡在溃灭后保持其球形，并且溃灭气泡的热容、热传导和密度与周围水在室温下是相同的。最后假定气泡刚溃灭后内部的温度是一致的。基于这些假设，Hua 等建立了简单的热传导模型。

一个单一空化场处的超临界相的半衰期和空间范围估计为：在 10ms 后，半径比原来空穴向体相溶液中扩展约 40%。50ms 时，半径扩展到原来气泡半径的 160%。

Suslick 等给出了单位时间单位体积内溃灭气泡的矢量（N）的估算 $N = 4 \times 10^8 s^{-1} \cdot m^{-3}$，由此可估算出空化过程中，超临界水的动态分数 $x_{SCW} = 0.0015$。因为超临界水可以加速化学反应，x_{SCW} 可以代表对增加反应速率的贡献。

低挥发性溶质如对硝基苯乙酸酯在瞬时超临界水相的反应如下：

$$\text{O-C-CH}_3 \ (\text{对硝基苯乙酸酯}) \xrightarrow[\text{超临界水}]{\text{H}_2\text{O/OH}^-} \text{OH} \ (\text{对硝基苯酚}) + \text{CH}_3\text{COOH}$$

在对酯进行空化降解时，其反应速率是相应控制动力学条件（即相同 pH、离子强度和控制整个温度）下的 $10^2 \sim 10^4$ 倍。空化处理对水中对硫磷（硝苯硫磷酯）水解速率的影响，很好地解释了空化处理的催化作用。在 pH = 7 时，对硫磷的水解反应如下：

$$\text{O-P(=S)-(OCH}_2\text{CH}_3)_2 \xrightarrow{\text{声解}} \text{OH} + \text{HO-P(=S)-(OCH}_2\text{CH}_3)_2$$

在 25℃、pH = 7.4、没有空化处理时，对硫磷水解的半衰期为 108d，而空化处理下对硫磷的水解半衰期降至 20min。酯类在空化场下不大可能进入空化泡内，并且没有发生自由基氧化。降解的加速证实了超临界水的存在。

参考文献

[1] Ben Y J, Fu C X, Hu M, Liu L, Wong M H, Zheng C M. Human health risk assessment of antibiotic resistance associated with antibiotic residues in the environment: A review[J]. Environ. Res. , 2019, 169: 483-493.

[2] Daily J W, Johnson V E. Turbulence and boundary layer effect on cavitation inception from gas nulei[J]. Trans. ASME, 1956：78.

[3] 潘森森. 中国大百科全书·力学[M]. 北京：中国大百科全书出版社，1985：273-274.

[4] Knapp R T, Daily J W, Harnrnitt F G. Cavitation[M]. NewYork：McGraw-Hill, 1970.

[5] 魏群, 高孟理. 水力空化及其研究进展[J]. 湖南城市学院学报（自然科学版），2004，13(4)：22-25.

[6] Jyoti K K, Pandit A B. Effect of cavitation on chemical disinfection efficiency[J]. Water Research, 2004, 38：2249-2258.

[7] Wu P, Bai L, Lin W. On the definition of cavitation intensity[J]. Ultrason. Sonochem,2020, 67：105141.

[8] Mason T, Lorimer L. Sonochemistry：Theory, application and uses of ultrasound in chemistry[M]. New York：Ellis Norwood, 1988.

[9] Wang B, Su H, Zhang B. Hydrodynamic cavitation as a promising route for wastewater treatment—A review[J]. Chem. Eng. J., 2021, 412：128685.

[10] Hua I, Höchemer R H, Hoffmann M R. Sonochemical degradation of p-nitrophenol in a parallel-plate near-field acoustical processor[J]. Phys. Chem., 1995, 99：2335-2342.

[11] Das S, Bhat A P, Gogate P R. Degradation of dyes using hydrodynamic cavitation：Process overview and cost estimation [J]. Hydrodyn., 2021, 42：102126.

[12] Francony A, Pétrier C. Study of sonochemical effect on dibenzothiophene in deionized water, natural water and sea water[J]. Ultrasonics Sonochemistry, 2019, 3：1684-1691.

[13] Gutierrez M, Henglein A, Ibanez F. Analysis of replicative intermediates produced during bacteriophage φ29 DNA replication *in vitro*[J]. Phys. Chem., 1991, 95：6044-6047.

[14] Janet D, Joern T, Detlef W B. Evidence-based psychiatric practice：Doctrine or trap? [J]. Environ. Sci. Technol., 1999, 33(2)：294-300.

[15] Roy K, Moholkar V S. Mechanistic analysis of carbamazepine degradation in hybrid advanced oxidation process of hydrodynamic cavitation/UV/persulfate in the presence of $ZnO/ZnFe_2O_4$[J]. Sep. Purif. Technol., 2021, 270：118764.

[16] Suslick K S, Hammerton D A. The site of sonochemical reactions [J]. Ultrasonic Ferroelec. Freq. Contr., 1986, 33：143.

水力空化强度的影响因素

3.1 水力空化装置分类

不同的水力空化装置可以产生不同的空化效果，合理的装置可以产生大量空化泡以此更好地分解难降解的有机污染物。通过国内外学者的不断深入研究与开发，目前的节流设备的种类有很多，文丘里管和孔板被认为是最常见、最简单的水力空化（HC）反应器，还有研究提出了一种新的水力空化装置，其被命名为液哨型水力空化反应器。

3.1.1 文丘里管型

文丘里管通常由汇聚段、喉部和分流段组成。与孔板相比，文丘里管的收敛和发散部分较为平滑，确保了在给定的压降下，文丘里管在喉道处能够产生较高的速率，同时C_v也较低。光滑的分叉部分也为空腔提供了足够的时间保持在低压区，直到它们达到坍塌前的最大尺寸。Mishra 和 Gogate 比较了相同流面积的圆形文丘里孔和单孔孔对罗丹明 B 降解的影响，发现在一定的工作压力下，文丘里孔产生的空化更强烈，比单孔孔降解程度更高。这是因为在相同的操作压力下，文丘里管的C_v比孔板的C_v要低，说明在文丘里反应器中速率更高。因此，在相同的操作时间内文丘里管通过空化区的次数会更高。

如图 3-1 所示，对于文丘里管，当流体流经文丘里反应器的收缩段时，压力随流体流速的增加而减小。通常，一旦压力降低到液体的饱和蒸气压，液体就开始气化产生气腔（有时由于紊流引起的压力波动，甚至在压力高于气压时也会产生气腔），并且随着压力的不断降低，气腔不断增大，直至移动到文丘里管的喉部。然后，随着移动到发散截面，压力逐渐恢复，导致空腔塌陷，产生局部热点，部分能量以永久压降的形式释放出来。压降的大小对下游段空化和湍流强度的影响很大。

图 3-2 为大多数研究中使用的文丘里或孔口型 HC 反应器的示意图。该装置是一个闭合回路，由一个泵、一个储气罐、两个压力表、一个转子表、控制阀和 HC 装置组成。罐内装有冷却夹套或冷却盘管，以控制循环液体的温度。通过调节控制阀来控制主回路的流量。流体的入口压力也可以通过调节流量来控制。用两个压力表分别测量反应

器入口和出口的压力。转子流量计可以测量流过干线的流体流量,分析反应器的水力参数。

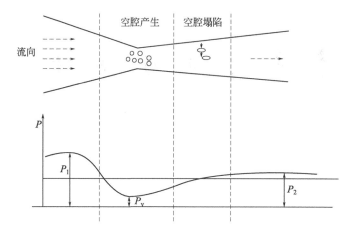

图 3-1 流体动力空化反应器中不同阶段的空化压力分布

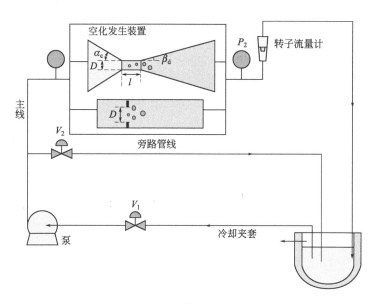

图 3-2 孔口和文丘里基 HC 反应器的示意图

3.1.2 孔板型

孔板作为产生强空化条件最有效的 HC 器件之一,得到了广泛的研究。孔板设计简单,在给定的管道横截面积内可以容纳更多的孔。与文丘里管不同,文丘里管有平滑的收敛和发散部分,孔板由于突然收缩和发散,孔内的空化是瞬态的。另外,由于管道的突然膨胀,压力迅速恢复,空腔迅速坍塌,造成了强烈的空腔坍塌。当液体通过收缩时,边界层分离发生,大量能量以永久压降的形式损失。因此,收缩的下游出现了非常强的湍流。其强度取决于压降的大小,而压降的大小又取决于收缩的几何形状和液体的流动条件,即湍流的规模。通过调整孔板的几何参数(如孔数、孔尺寸、孔板形状等),可以达到较高的空化强度或空化屈服。

孔直径、孔板厚度、进/出口段长度以及孔的角度被认为是孔板的主要结构参数。孔板多用于实验室研究并为多孔孔板研究提供参考,这是由于它具有结构简单、制造方便、可对所有的孔参数进行模拟等特点。将孔板结构由单孔改为多孔后,孔板边缘的剪切面积变大,空化强度也随之增高。有研究表明,不改变过流率,随着孔径的增加,空化数也随之增加。常见的水力空化发生器件如图 3-3 所示。

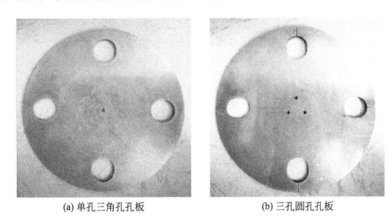

(a) 单孔三角孔孔板　　　　　　(b) 三孔圆孔孔板

图 3-3　常见的水力空化发生器件

3.1.3　液哨型

Chakinala 等提出了一种新的水力空化装置,其被命名为液哨型水力空化反应器(liquid whistle reactor,LWR),并与芬顿技术相结合,处理真实工业废水。其装置如图 3-4 所示,包括一个孔口单元,并在其后跟一个水平叶片,这样的设计有助于增加空化的程度从而提高了污染物的降解效率。孔口的流动面积为 $0.774mm^2$,下游放置的叶片(长度为 $26.8mm$,宽度为 $22.2mm$,厚度为 $1.5mm$)与上游的孔口距离可调。此

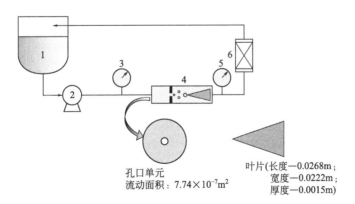

孔口单元
流动面积:$7.74×10^{-7}m^2$

叶片(长度—0.0268m;
宽度—0.0222m;
厚度—0.0015m)

图 3-4　液哨型水力空化反应器结合芬顿高级氧化技术装置示意图

1—水槽;2—水泵;3—数字压力计;4—空化反应器(包括孔口单元和叶片);

5—压力计;6—反应床(包括铁片和冰床)

外，装置还包括一个容量为 5L 的水槽，3.6kW 的水泵和流量计等。为了使水力空化与芬顿技术结合，在空化腔区的后面放置一个包含铁片的反应室。在 1500kPa 压力下，真实废水 COD 最多可减少 65%。另外，在加入其他氧化剂如 H_2O_2 后，对应的 COD 减少了 85%。

3.2 不同参数对空化强度的影响

3.2.1 空化腔形状

诱导空化器的设计以及孔板上孔的数量和分布是影响空化过程强度的重要因素。流体动力空化过程的重要参数是：空化反应器的动力压力（p_1）、膨胀侧产生的压力、液体的饱和蒸气压及其密度、液体流过空化孔的速率。空化数越小，单位时间内产生的气泡数量越大，空化过程的强度越大。图 3-5 显示了不同形状水力空化反应器入口压力对空化数值的影响。图 3-6 显示了在恒定的入口压力下，流量 Q 对空化系统的空化数的影响。孔板 S 值越小，空化数越小。

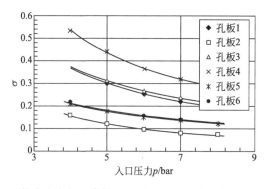

图 3-5 不同形状水力空化反应器入口压力对空化数的影响（$1bar = 10^5 Pa$）

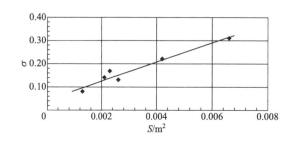

图 3-6 流量 Q 对空化数 σ 的影响（$p = 7bar$，S 是横截面积）

研究证实，空化诱导器的几何形状对空化数 σ 有显著影响，空化数随空化孔的横截面积的增加几乎呈线性增加。空化数在 $0.1 \sim 0.6$ 之间变化，取决于诱导空化器的形状和尺寸（图 3-6）以及水力空化反应器的供应压力。

孔径是影响水力空化效果的重要结构参数，图 3-7 为不同孔径孔板平面结构示意图。

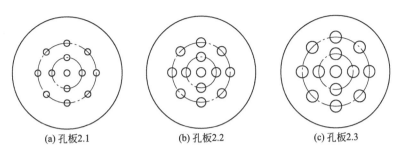

(a) 孔板2.1　　　　　　(b) 孔板2.2　　　　　　(c) 孔板2.3

图 3-7　孔板结构示意图

湍动能随孔径变化的结果如表 3-1 所列，可以看出随着孔径的增加，进口段的层流区域范围几乎没有什么变化，孔内湍动能作用强度减弱，孔出口段射流区域明显减少，层流区域增加，两侧的层流区域范围变化较大。孔出口段湍流区域稍微减小，随着孔直径增加，湍流区域能量分布梯度减少，但湍流区域漩涡形状不变。孔板直径的变化范围在 1.9～2.5mm 时，最小湍动能的变化范围在 0.00155～0.0025m²/s²，最小湍动能随孔直径的增大而逐渐减小。最大湍动能的变化范围为 6.72～10.6m²/s²，最大湍动能随孔径的增大也逐渐减小。综合最大最小湍动能可以得出，在孔排布相同的情况下，小孔径的孔板空化器可以得到湍动能的最佳状态值。

表 3-1　孔板参数与湍动能

孔板编号	孔径/mm	孔数/个	孔排布	孔隙率	最小湍动能/(m²/s²)	最大湍动能/(m²/s²)
2.1	1.5	13	圆环	0.02257	0.00159	10.6
2.2	1.9	13	圆环	0.03781	0.00250	8.83
2.3	2.5	13	圆环	0.06269	0.00155	6.72

对孔径相同但孔排布不同的三种孔板空化器的流场进行了模拟，孔板平面结构如图 3-8 所示。其中，孔板孔径为 1.9mm，孔数为 13 个。

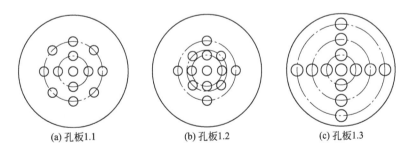

(a) 孔板1.1　　　　　　(b) 孔板1.2　　　　　　(c) 孔板1.3

图 3-8　孔板结构示意图

湍动能随孔排布变化的结果见表 3-2。对于三种排布的孔板而言，进口段的层流区域范围都很小，而且没有明显变化，圆环排布与交错排布的孔板，其孔内湍动能作用强度要比十字排布强，孔板 1.1 与孔板 1.2 的孔出口段射流区域较明显，孔板 1.3 出口段有较小范围的层流区域。由于孔板孔排布的不同，最小湍动能的变化范围在 0.00205～

$0.0025\text{m}^2/\text{s}^2$，最大湍动能的变化范围为 $8.08\sim8.83\text{m}^2/\text{s}^2$，其中圆环排布的最大最小湍动能均是最大的。综合以上数据可以看出，在孔数与孔径相同的情况下，圆环排布的孔板空化器可以得到湍动能的最佳状态值。

表 3-2　孔板参数与湍动能

孔板编号	孔排布	孔径/mm	孔数/个	孔隙率	最小湍动能/(m²/s²)	最大湍动能/(m²/s²)
1.1	圆环	1.9	13	0.03781	0.00250	8.83
1.2	交错	1.9	13	0.03781	0.00214	8.19
1.3	十字	1.9	13	0.03781	0.00205	8.08

3.2.2　空化腔尺寸

（1）喉部直径/高度与长度之比的影响

喉部直径/高度与长度的比值对塌陷前空腔的最大尺寸起着重要的作用。喉部的长度决定了空腔在低压区的停留时间。Kuldeep 和 Kumar 研究了不同喉部高度/径长比为 1∶1、1∶2、1∶3 时对不同 HC 反应器空化效率的影响。从报告中可以看出，在文丘里管的情况下，该参数对空腔数量及其生长速率的影响可以忽略不计，在三个研究的比例中，最佳比例为 1∶1。相比之下，在孔板型 HC 反应器中，喉部长度对空化行为的影响更为明显，因为在孔板中产生的空腔数量比在文丘里反应器中要少。喉部长度越长，低压区产生的空腔越多。但是，不建议喉部长度过长，因为这可能会造成永久性的压降，使产生的空腔变为不活动的空腔。比例为 1∶3 时，孔板的空化区最大。Abbasi 等以空化长度和体积为响应，结合响应面法（RSM）和仿真模拟（CFD），优化了狭缝文丘里管的无量纲参数（喉部长度与高度之比 L/H、喉部宽度与高度之比 W/H 和发散角 θ）。研究发现，较高的 L/H、W/H 比值有利于空化体积的增大，但 L/H 对空化体积的影响不明显。在较高的 W/H 条件下，随着喉部宽度的增加，继而固体表面（边缘）的宽度增加，剪切面积和气泡产生的数量也会增加。

对喉径与喉长比分别为 1∶0.5、1∶1.0、1∶2.0、1∶2.5 和 1∶5.0，入口角度为 21.8°，喉径与管径比为 0.2，出口角度为 6.5° 的文丘里管的空化流场进行 FLUENT 模拟，得到的蒸气体积分数云图以及最大蒸气体积分数、空化数的关系图分别如图 3-9 和图 3-10 所示；由此分析不同喉径与喉长比对空化效果的影响。

从图 3-9 中可以看出，随着喉径与喉长比的增大，空化区域也逐渐增大。当喉径与喉长比为 1∶0.5 时，空化区域最大，空化程度较为剧烈。从图 3-10 中可以看出，随着喉径与喉长比的增大，最大蒸气体积分数基本没有发生变化；空化数则先减小后增加，但是变化都较小。所以综合考虑，当喉径与喉长比为 1∶0.5 时，文丘里管的空化效果相对较好。因为在管径、喉径一定时，较长的喉部长度可能会导致持续性压降，空泡不能像在扩散段的情况下经历周围压力场的振荡行为，这些空泡无法成为活跃的空泡，而是溶解在周围的液体介质中，从而使空化区域减小。若喉部长度较短，喉部的收缩-扩张会更显著，压力变化急剧，从而使空化效果更明显。所以，在满足空化发生的情况下适当增大喉径与喉长比可以强化空化现象。

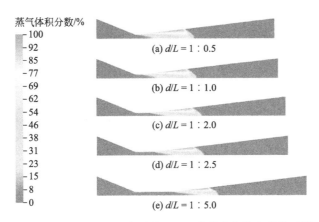

图 3-9　不同喉径（d）与喉长（L）比的蒸气体积分数云图

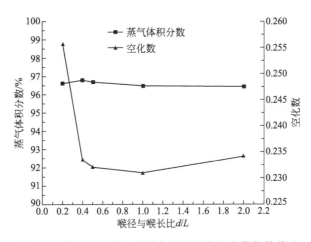

图 3-10　喉径与喉长比与蒸气体积分数和空化数的关系

（2）入口角度的影响

课题组对喉径与管径比为 0.2，入口角度分别为 11.3°、15.0°、21.8°、38.7° 和 45.0°，喉径与喉长比为 1∶2.5，出口角度为 6.5° 的文丘里管的空化流场进行 FLUENT 模拟，所得到的蒸气体积分数云图以及最大蒸气体积分数、空化数的关系图分别如图 3-11 和图 3-12 所示；并由此分析文丘里管入口角度对空化效果的影响。

从图 3-11 中可以看出，随着入口角度的增大，空化区域逐渐变小。当入口角度约为 11.3° 时，空化区域相对较大，空化程度较为剧烈。从图 3-12 可知，随着入口角度的增大，最大蒸气体积分数逐渐减小，空化数逐渐增大，说明空化强度是逐渐减弱的。所以综合考虑，当入口角度约为 11.3° 时，文丘里管的空化效果相对较好。因为当入口角度较大时，流体流经文丘里管收缩段时，流动阻力也随着增大，从而导致流体的流速降

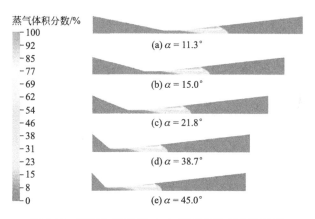

图 3-11 不同入口角度 (α) 的蒸气体积分数云图

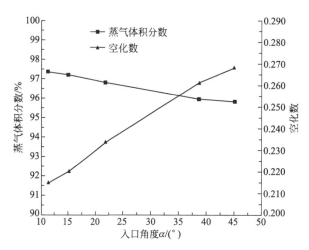

图 3-12 入口角度与蒸气体积分数和空化数的关系

低，空化数增加，故空化效果减弱。所以，在满足空化发生的条件下，适当减小入口角度可以强化空化现象。

（3）发散角的影响

文丘里式 HC 装置的发散角是控制压力恢复速率的决定性因素。一般来说，压力恢复速率随发散角的增大而增大。发散角越大，腔体坍塌速率越快，而发散角越小，腔体压力恢复平稳，有利于腔体生长。Kuldeep 和 Kumar 模拟了三个不同的半发散角（5.5°、6.5°和 7.5°），以优化压力恢复率。据观察，与讨论的发散角的另一半相比，最大的空化率可以在半发散角 6.5°时获得。大发散角导致空腔突然坍塌。但当发散角较小时，压力恢复平稳，空腔增大并在破裂前达到最大尺寸，空化强度较高。Li 等也得到了类似的结果。他们研究了文丘里管的半发散角对 HC 降解 RhB 的影响，使用了三个半发散角不同的文丘里管（α-1、α-2 和 α-3），分别对应于 4.0°、6.0°和 8.0°。结果表明，三种文丘里管的降解率分别为 42.91％、58.32％和 36.35％。在 α-2 的文丘里管的降解率最高，说明该文丘里管产生的 HC 效应最强。相比之下，在 α-1 情况下，流速更快。在巨大冲击射流的作用下，空腔在发育前被推出空化区。对于含有 α-3 的文丘里管，发散角较大会导致发散段压力立即恢复，不利于空腔的过早破裂。

对喉径与管径比为 0.2，入口角度为 21.8°，喉径与喉长比为 1:2.5，出口角度分别为 5.1°、5.7°、6.5°、7.6° 和 9.1° 的文丘里管的空化流场进行 FLUENT 模拟，所得到的蒸气体积分数云图以及最大蒸气体积分数、空化数的关系图分别如图 3-13 和图 3-14 所示；由此分析文丘里管出口角度对空化效果的影响。

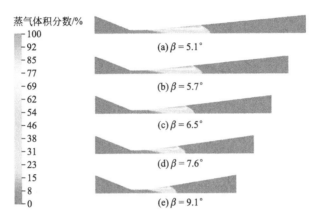

图 3-13　不同出口角度（β）的蒸气体积分数云图

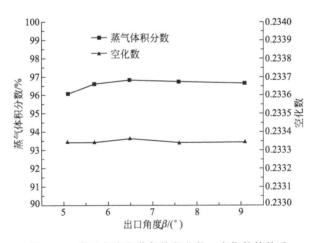

图 3-14　出口角度和蒸气体积分数、空化数的关系

从图 3-13 中可以看出，随着出口角度的增加，空化区域逐渐减小。当出口角度为 5.1° 时，空化区域最大，空化程度比较剧烈。从图 3-14 中可以看出，随着出口角度的增加，最大蒸气体积分数和空化数基本都没有变化。所以综合考虑，当出口角度为 5.1° 时，文丘里管的空化效果相对较好。因为出口角度较小时，低压区域范围较大，压力恢复相对缓慢，空泡受压的破坏程度减小，使空泡得以生长，空泡寿命相对较长，空化区域相对较大。所以，在满足空化发生的情况下，适当减小出口角度可以强化空化现象。

3.2.3 空化腔数量

孔板按孔的数量可分为单孔孔板和多孔孔板。对于相同的面积，多孔孔板比单孔孔板能提供更好的空化效果，因为在空化孔数量较多的情况下，会产生更多的剪切面积，从而导致空腔数量较多。在空化腔数量的影响研究中采用的孔板结构如图 3-15 所示。

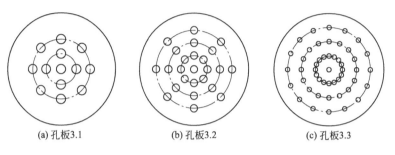

(a) 孔板3.1   (b) 孔板3.2   (c) 孔板3.3

图 3-15　孔板结构示意图

孔数对湍动能分布的影响如表 3-3 所列。可以看出，孔数不同，湍动能的分布也发生了明显变化，但分布规律基本一致。出口段有湍动能分布与层流分布范围的变化。在空化器的进口段孔数少的孔板 3.1 会有小范围的层流区域，而孔板 3.2、3.3 的进口段几乎没有层流区域。随着孔数的增加，孔内湍动能随之增强，在孔的出口段也就产生了射流和湍流，强化了空化作用。三个孔板的孔数分别为 13、25、49，而且孔隙率相同，其中最小湍动能的变化范围在 $000230\sim0.00326\text{m}^2/\text{s}^2$ 时孔板 3.3 的最小湍动能最大。最大湍动能的变化范围为 $8.83\sim17.0\text{m}^2/\text{s}^2$ 时，也是孔板 3.3 的最大湍动能最大，且孔板 3.3 的湍流区域范围最广。综合最大最小湍动能与湍流区域考虑，孔板 3.3 的空化效果最好，所以在孔隙率相同的情况下，孔数多的孔板空化器可以得到湍动能的最佳状态值。

表 3-3　孔板参数与湍动能

孔板编号	孔数/个	孔径/mm	孔排布	孔隙率	最小湍动能/(m²/s²)	最大湍动能/(m²/s²)
3.1	13	1.9	圆环	0.03781	0.00250	8.83
3.2	25	1.4	圆环	0.03781	0.00230	16.2
3.3	49	1.0	圆环	0.03781	0.00326	17.0

3.2.4 空化区域压力

造穴装置的入口压力是最重要的运行参数，它能显著地改变气泡或空化行为和空化强度。腔体的坍塌强度主要取决于孔板下游段湍流压力的变化率和孔板下游最终恢复压力的大小。孔口上游压力的增加导致下游压力和液体流量的增加，同时由于系统的能量耗散率，孔口上的永久压力降也会增加，增加了单位质量液体的功率输入。随着流体速率和流量的增加，空腔的数量也会减少。Gogate 和 Pandit 报道了随着入口压力的增大，腔体的最终坍塌压力也随之增大。Kumar 和 Pandi 通过对文丘里管入口压力影响的简化统一模型得出了类似的结论。在一定的压强下，随着入口压力的增加，空化泡的坍塌强度增大。这是由高入口压力和大压强下的能量耗散率和湍流强度增大，导致空腔坍塌更加剧烈。

同时，随着入口压力的增大，相同处理时间下的流量增加，延长了污染物在空化区的停留时间，促进了污染物的降解。但需要注意的是，当压力增加到一定值时，会出现超空化现象，这是不可取的。许多报道证实存在一个最佳压力，随着压力的增加，降解程度通常呈现先增大后减小的趋势。Patil 和 Gogate 研究了入口压力在 1～8bar 操作范围内单孔降解甲基对硫磷的变化。研究发现，当压力从 1bar（1bar＝10^5Pa）增加到最优值 4bar 时，其变化幅度增大；当压力从 1bar 增加到 3bar 时，所观察到的降解率的增加归因于更高操作压力下空化活动的增强。在较高的工作压力下，空腔的崩溃变得更加剧烈，导致空腔崩溃时产生更高的压力脉冲。反过来，水分子的解离度增强，产生更多的羟基自由基。然而，一旦压力增加到 4bar（0.4MPa）以上的最佳值，降解程度就会下降。这可能是由于超级空化条件的出现，这降低了降解的程度，因为气泡在收缩的下游不加选择地生长，导致液流的飞溅和蒸发。因此，综合考虑各方面的影响，可能存在最佳压力。

除 HC 装置入口压力外，反应器出口压力也会在一定程度上影响空化行为。Jin 等研究了微通道进出口压差保持一定时，出口压力对空化的影响。结果表明，空化强度随出口压力的减小而增大。当压差保持在 50kPa 时，出口压力低（50kPa）时出现空化现象，出口压力高（100kPa）时不出现空化现象。在两种情况下（高出口压力比值为 1.5，低出口压力比值为 2），不同的压力比值表明，空化发生可能与进出口压力比有关。虽然本书利用计算流体力学方法分析了各参数对压力的影响，并通过对比实验结果验证了数值模型的有效性，但对于如何解释造穴装置进出口压力比的问题，还需要做更细致的工作和讨论。在现有的报道中，大多数研究集中在 HC 反应器进口压力或进出口压降的影响。关于出口压力影响的报道很少。这可能与出口与大气连接时出口压力恒定有关。当出口不进入大气时，下游压力随着进口压力的增加而增加，在这种情况下，研究出口压力对空化行为的影响是必要的。

选择入口直径 50mm，喉管直径 12mm，出口直径 50mm，渐扩管长度 140mm 尺寸结构的文丘里管为研究对象，在其他工作条件都相同的前提下，模拟计算文丘里管空化器在不同入口压力（0.3MPa、0.4MPa、0.5MPa、0.6MPa）下的湍流强度场、压力云图以及含气率云图进行对比，结果如图 3-16 与图 3-17 所示。

文丘里管式空化器的渐缩管作用在于降压、增速，目的是使得在喉管位置时的压力尽量处于饱和蒸气压力以下；渐扩管的作用是用来增压、降速的，使得液体能够在离开出口时最大限度地恢复到入口时的压力，以减少动能损失。通过图 3-16 可知，流体压力在文丘里管收缩管前半段充分发展，在靠近喉管部分液体压力明显下降直至喉管中段

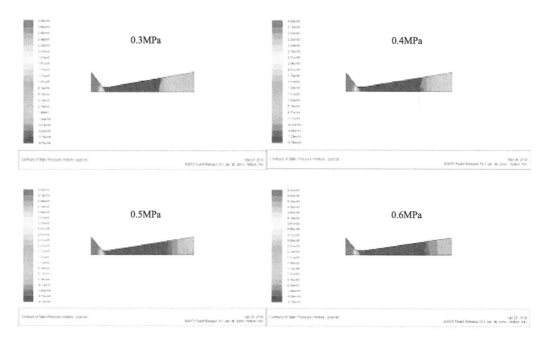

图 3-16 文丘里管在不同压力入口下的压力云图

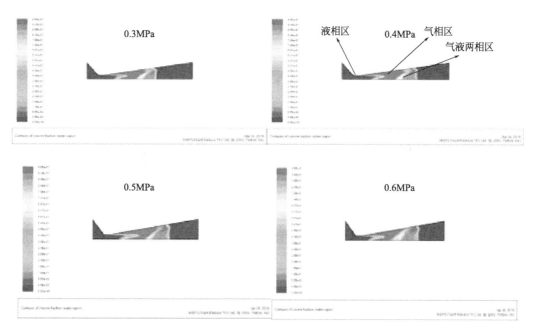

图 3-17 文丘里管在不同压力入口下的含气率云图

降至水蒸气饱和压力附近,从扩散管后部液体压力开始恢复。观察压力云图的颜色变化可知,随着入口压力的增大,文丘里管扩散管回压区恢复压力时的速度有明显的减慢。这表明随着入口压力的增大,在扩散管段流体处于其饱和蒸气压力以下的时间越久,则空化程度越高,空化效果越好。图 3-18 含气率随压力变化曲线图也验证了这一结论。

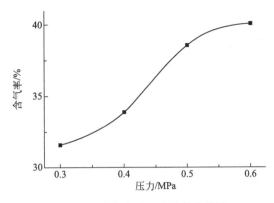

图 3-18　含气率随压力变化曲线图

在空化模型中，压力云图往往起到参考作用，并不能直观地反映出真正的空化过程，含气率的变化则是更主要的参数。选择显示以气相为参考相的含气率云图，从图 3-17 中可以看到从喉管出口近壁面处就有空泡生成，在扩散管前部充分发展。高含气率区域主要分布在扩散管前半部分。

根据模拟数据绘制含气率随压力变化曲线图 3-18，观图可知，含气率随着压力的增大而增大，且增加的斜率趋向降低，说明当入口压力到达一定值时，含气率就不再随压力增加增大。对一特定结构的文丘里空化器来说，存在最佳入口压力使空化效果最佳。

根据 Fluent 模拟结果导出不同入口压力下的湍流强度云图 3-19 并绘制湍流强度随压力变化曲线图 3-20，观察其规律可知随着压力的增大，湍流强度也逐渐增大，但是增加的斜率逐渐降低且趋于平缓；随着入口压力的增加，湍流发生得越晚并越接近文丘里管的出口位置，湍动能也相应增加，管内湍流程度更剧烈。通过湍流强度云图 3-19 和含气率云图 3-17 可以看出在气液两相区才发生湍动现象，在空泡破裂区湍流程度逐渐增强，空化能耗逐渐增加，使空泡更加充分地成长直至产生剧烈溃灭。空泡在溃灭瞬

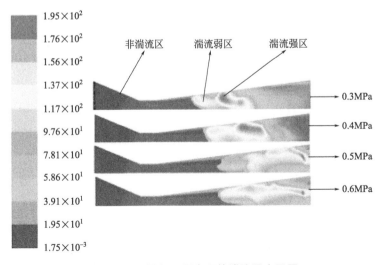

图 3-19　不同入口压力下的湍流强度云图

间能产生较大压力，并且会出现瞬时的超高温高压、强氧化性自由基以及物理剪切力现象能够对流体进行处理，有除污、破碎、杀菌、中和等效果，符合本研究中利用文丘里管的空化作用处理污水中杂质并净化污水的目标。

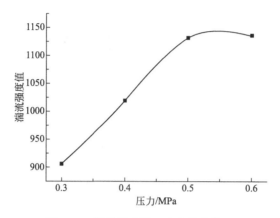

图 3-20　湍流强度随压力变化曲线图

空化发生后，空化泡随着时间的变化逐渐发展变大，随着空化泡附近流体的压强恢复时，空化泡将会收缩直至破灭。因为空泡中大多都存在一些不凝结的气体，所以空泡不会立即完全消失，空泡的尺寸会随着空化泡一次次再生而不断地变小，最后直到肉眼看不见完全破裂。由于溃灭是一个极其短暂的过程，因此在扩散管后部分含气率瞬间下降并且降至 0。

3.2.5　操作温度

温度是影响空化率进而影响降解效率的另一个重要因素。它在很多方面影响着污染物的降解效率。最佳操作温度在很大程度上取决于污染物和介质的沸点和蒸气压。较高的操作温度可能有利于空腔的形成，因为液体向蒸气腔的转化速率较高，蒸发液体所需的压力较低。同时，随着温度的升高，溶解在溶液中的气体会减少，为空化的形成提供更少的空腔核。而且，在较高的温度下，空化泡会充满更多的水蒸气，从而增强缓冲效果，削弱空化效应。相比之下，在低温条件下，转化率较低，因此降解效率较低。然而，如果温度过高，水蒸气会填充空化气泡，缓冲内爆现象。此外，温度还会影响液体的黏度、表面张力和密度等特性，从而改变空化行为，影响空化动力学。而且温度越高，消耗的热能越多，会增加运行成本。所有这些研究都表明，最佳温度是可以确定的，但这在很大程度上取决于具体的污染物。有研究人员观察到双酚 A 的去除率最初随着温度的升高而增加，直到达到最佳值 35℃，然后在 40℃时下降。表明较高的温度更容易形成空化，随着温度的进一步升高，水中溶解气体含量和汽化核心减少，导致空化效应减小。Panda 和 Manickam 分别在 20℃、30℃和 40℃下进行了实验，研究了操作温度的影响。结果表明，30℃为最佳温度，降解速率最高。然而，Patil 等发现操作温度对吡虫啉降解程度的影响可以忽略不计。由于吡虫啉的沸点高于水的沸点，坍塌空腔中污染物的存在不会产生主要影响。因此，温度对不同污染物降解的影响没有统一的规律，应根据液体介质和降解物质沸点的差异来判断。

3.3　水力空化反应器的选择标准

气泡破裂过程中的压力和温度，以及空化结束时产生的自由基数量，在很大程度上取决于流体动力空化反应器的操作条件和结构。对气泡动力学的研究有助于获得关于选择最优参数集的指导方针。

影响空化过程强度的最重要参数如表 3-4 所列。

表 3-4　水力空化反应器的最佳运行条件

序号	项目属性	有利条件
1	进入系统的入口压力/转子的转速取决于设备的类型	增加压力或转子速率，但低于某个最佳值，以避免超空化
2	用于产生空腔的收缩的直径，例如，孔板上的孔直径	优化需要根据应用程序进行。对于需要强烈空化的应用，建议采用较高的直径，而对于强度较低的应用，则应选择具有大量孔的较低直径
3	流动的自由面积百分比（流动的自由面积的比例，即孔板上孔的横截面积与管道的总横截面积之比）	较小的自由区域必须用于产生高强度的空化，从而获得理想的有益效果

目标应该是使用有利于空化开始过程的液体或条件，并产生初始尺寸较低的空腔。这些将增长到更大的程度，产生更猛烈的崩溃，以及更大的空化活动。表 3-5 列出了根据其物理化学性质选择液体的一些准则。

表 3-5　水力空化反应器的最佳运行条件

序号	项目属性	影响	有利条件
1	液体蒸气压（在30℃时，范围：40~100mmHg）	空化阈值、空化强度、化学反应速率	低蒸气压的液体
2	黏度（$1\times10^{-3}\sim6\times10^{-3}$Pa·s）	瞬态阈值	低黏度
3	表面张力（范围：0.03~0.072N/m）	核的大小（空化阈值）	低表面张力
4	大体积液体温度（范围：30~70℃）	崩塌强度、反应速率、阈值/形核等几乎都是物理性质	一般来说，较低的温度是可取的
5	多元常数和热导率	含气量、成核、塌缩相、空化强度	具有较高多变性常数和较低热导率的低溶解度气体（单原子气体）

对于特定应用所需的特定类型的反应器的选择提出一些建议也是很重要的。Moholkar 和 Pandit 进行了一项研究，模拟了两种不同空化器，文丘里收缩和多孔孔板，所选参数对液体流动中空化强度的影响。

在文丘里管的情况下，稳定的振荡径向气泡运动主要是由于线性压力恢复梯度。在孔板的情况下，流动是稳定的振荡径向气泡运动和瞬态空腔行为的结合，这是由于湍流速度波动引起的额外振荡压力梯度。此外，与文丘里管相比，孔板上的永久压力下降的幅度要大得多，从而导致更大比例的能量可用于空化。因此，与经典文丘里管相比，孔板系统的空化强度更高（由于瞬态空化的贡献更大）。利用水力空化反应器的各种操作/设计参数进行气泡动力学模拟，可以确定产生的空化强度的趋势。这可以为它们在目标应用程序中的优化奠定基础。该模型还可以对给定的一组设计参数量化温度和压力脉冲幅度。在本研究中，为水力空化反应器的设计制定了以下重要策略：

① 孔板流量配置更适合于需要密集空化条件的应用。文丘里结构更适合于需要崩溃压力脉冲的温和过程，通常在 15～20bar（1.5～2MPa）之间，以及基于物理效应的转换。

② 在文丘里流的情况下，增加空化强度最经济的技术是减小文丘里管的长度，但对于更高的容积流量，由于流动不稳定和超空化的可能性，可能会有限制。当降低文丘里管收缩与管径比时，可以使用类似的观点。

③ 对于一个孔板流配置，控制空化强度最方便的方法是控制孔管直径比（通过调节泵的出口阀，或者调节截流面积和孔板间的间隙）。然而，气泡在孔口下游的任意生长会导致飞溅和汽化（超空化）。

④ 为了加强空化效应，增加孔板下游的管道尺寸（这可以提供更快的压力恢复）是另一种选择。然而，使用更大尺寸的管道需要更高的容积流量，这样以相同的空化数进行下一步的实验。

3.4 流动介质参数

水的物理性质由密度、黏度、表面张力、汽化热等来定义。水密度与温度的关系如图 3-21 所示，水黏度与温度的关系如图 3-22 所示。水的黏度明显地随着温度的升高而下降，尤其是接近环境温度时，平均为每开氏度几个百分点。同样，随着温度的升高，表面张力下降（图 3-23）。饱和蒸气压与温度的关系如图 3-24 所示。综上所述，空化取决于液体流动的过程中产生的气泡或是溶解气体的形成情况。

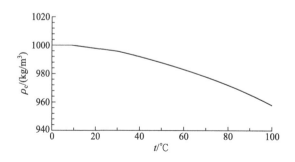

图 3-21　温度对水密度的影响

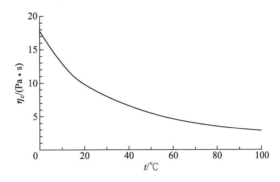

图 3-22 温度对水黏度的影响

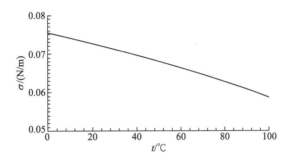

图 3-23 温度对水表面张力的影响

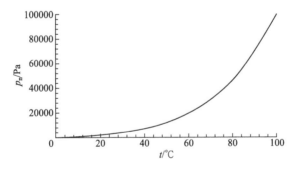

图 3-24 温度对水饱和蒸气压的影响

 参考文献

[1] Mishra K P, Gogate P R. Intensification of degradation of Rhodamine B using hydrodynamic cavitation in the presence of additives[J]. Sep. Purif. Technol,2010, 75(3): 385-391.

[2] Chakinala A G, Gogate P R, Burgess A E, et al. Treatment of industrial wastewater effluents using hydrodynamic cavitation and the advanced Fenton process[J]. Ultrasonics Sonochemistry, 2008, 15: 49-54.

[3] Kuldeep, Saharan V K. Computational study of different venturi and orifice type hydrodynamic cavitating devices [J]. J Hydrodyn, 2016, 28(2): 293-305.

[4] Abbasi E, Saadat S, Karimi Jashni A, Shafaei M H. A novel method for optimization of slit Venturi dimensions through CFD simulation and RSM design[J]. Ultrason. Sonochem, 2020, 67: 105088.

[5] Rajoriya S, Carpenter J, Saharan V K, Pandit A B. Hydrodynamic cavitation: An advanced oxidation process for

the degradation of bio-refractory pollutants[J]. Rev. Chem. Eng. , 2016，32：379-411.

[6] Li G,Yi L,Wang J,Song Y. Hydrodynamic cavitation degradation of Rhodamine B assisted by Fe^{3+}-doped TiO_2：Mechanisms, geometric and operation parameters[J]. Ultrason. Sonochem，2020，60：104806.

[7] Gogate P R, Pandit A B. Engineering design methods for cavitation reactors Ⅱ：Hydrodynamic cavitation[J]. AIChE J. ,2020,46(8)：1641-1649.

[8] Pandit A B, Kumar P S. Modeling hydrodynamic cavitation[J]. Chem. Eng. Technol, 1999, 22：1017-1027.

[9] Patil P N, Gogate P R. Degradation of methyl parathion using hydrodynamic cavitation：Effect of operating parameters and intensification using additives[J]. Sep. Purif. Technol, 2012, 95：172-179.

[10] Jin Z J, Gao Z X, Li X J, Qian J Y. Cavitating Flow through a Micro-Orifice[J]. Micromachines(Basel)，2019，10(3)：191.

[11] Panda D, Manickam S. Hydrodynamic cavitation assisted degradation of persistent endocrine-disrupting organochlorine pesticide Dicofol：Optimization of operating parameters and investigations on the mechanism of intensification[J]. Ultrason. Sonochem，2019，51：526-532.

[12] Patil P N, Bote S D, Gogate P R. Degradation of imidacloprid using combined advanced oxidation processes based on hydrodynamic cavitation[J]. Ultrason. Sonochem, 2014, 21(5)：1770-1777.

[13] 王永广,赵连玉,邓橙,等. 基于孔板和文丘里管复合结构空化器的空化效果数值模拟[J]. 环境工程，2012，02：458-460.

[14] 李灌澍. 水力空化结合高级氧化技术系统的构建及降解有机污染物的研究[D]. 沈阳：辽宁大学，2020.

[15] 王常斌，王敏，于远洋，等. 文丘里管水力空化现象的CFD模拟[J]. 管道技术与设备，2013，01：10-12.

第**4**章

水力空化降解有机污染物的研究

研究发现水力空化发生时的极端条件会引起一系列化学反应，从而产生具有强氧化性的羟基自由基和超氧自由基，这两种强氧化性的自由基可以促进水体中有机污染物的降解。目前，很多学者研究了使用水力空化技术处理污水，并取得了一定的成果。结果显示很多水力空化操作参数对实验结果产生一定的影响。

4.1 水中有机污染物的分类

废水中可能含有许多有毒化学物质、生物难降解化合物、农药等。这些持久性化合物会对人类健康和环境造成极大的危害。然而，传统的废水处理方法（如吸附、紫外降解、膜过滤等）不能有效降解持久性组分，且存在各种弊端。例如，膜过滤不能完全降解污染物，只能将其与废水分离，会造成二次污染。此外，废水中添加了大量的化学物质，以及其他常规处理方法在处理过程中产生了大量的污泥，需要进一步处理。

（1）按产生方式分类

水中有机物污染物按产生方式可分为天然有机污染物和人工合成有机污染物：

① 天然有机污染物是自然环境的代谢物，如水生生物及其分泌物、腐殖质等。典型的传统有机污染物不超过 10～20 种。天然水体中的传统有机污染物一般是指腐殖质。这些有机物质大部分呈胶体微粒状，部分呈真溶液状。

② 人工合成有机污染物具有以下特点：难于降解，在环境中有一定的残留，具有生物富集性、"三致"作用和毒性。相对于水体中的天然有机污染物，他们对公众健康的危害更大。已查明，许多痕量有毒有机物（如多环芳烃、三氯甲烷等）对综合性指标 BOD_5、TOC 等影响极小，但却具有更大的潜在威胁。

（2）按毒性分类

可以分为有毒污染物和无毒污染物。

① 无毒污染物：碳水化合物、木质素、维生素、脂肪、蛋白质等天然有机物与矿物质、离子等。

② 有毒污染物：指那些能使生物体发生生物化学或生理功能变化，危害生物生存

的物质。如重金属 Cr、Mn、Fe、Co、Ni、Cu、Zn、Cd、Ba、Hg、Pb 以及 As、Se、Al 等；无机阴离子、放射性物质、杀虫剂、石油等有机物。上述物质常存在于生活污水、工业废水和垃圾渗滤液中。现代医学证明，即使在低浓度下有毒有机物也能对人体健康造成严重影响。有毒有机物在天然水体中难以降解，并有生物积累性和"三致"作用或慢性毒性。

（3）按污染物粒度分类

可以分为胶体和非胶体类物质：

胶体主要是指水中存在的细菌、藻类、无机颗粒物、大分子有机化合物等悬浮微粒，尺寸在 1nm～1μm 之间。对于未受有机污染的天然地表水，胶体主要为无机黏土及其他无机成分。当水体受到有机污染时，无机颗粒有较大的比表面积，对水中的有机物有一定的吸附作用，同时具有离子交换能力。水体中无机胶体颗粒表面对有机物的吸附作用，使无机胶体颗粒的带电特性发生变化，从而增加了胶体的 ζ 电位，使胶体的稳定性增加。

4.2　水中有机污染物的处理方法

（1）常见污水降解方法

近年来，由于水中有机物的严重污染，专家学者们已经发现多种方法可以用来降解水体中的有机污染物。其中，降解水中污染物最常见方法包括以下四种：

① 氧化吸附法　高浓度废水稀释后用煤粉进行初步混凝、吸附处理，然后用 Fenton 试剂催化氧化和酸性凝聚，再用煤粉混凝、吸附。

② 焚烧法　焚烧法适用于处理高浓度有机废水。预处理后的废水经加压、过滤、计量后送至炉拱上方，由高压空气雾化专用喷嘴喷入炉膛蒸发焚烧。该法在保证锅炉安全运行的条件下，能对高浓度有机废水彻底处理，其优点是运行费用低。

③ 吸附法　吸附法是用具有很强吸附能力的固体吸附剂，使废水中的一种或数种组分富集于固体表面的方法。常用的吸附剂有活性炭和树脂。活性炭再生和洗脱困难；树脂吸附具有适用范围广，不受废水中无机盐的影响，吸附效果好，洗脱和再生容易，性能稳定等优点。

④ SBR 生化处理法　SBR 污水处理工艺是现代活性污泥法的一种类型，它是在一个设有曝气及搅拌装置的反应器内，按照预定的程序进行充水、生化反应、沉淀、排水、闲置等过程的操作。这种方法是利用微生物降解有机物，但大部分高浓度的工业有机废水可生化性很差，所以该方法在高浓度工业有机废水处理方面应用前景有限。

（2）生产、生活废水分类及处理工艺流程

根据污染物来源的不同，也可以将污水细分为生活污水、印染废水、印刷油墨废水等，以采取不同的方法进行有针对性的、高效的处理。

① 生活污水　较常用的生活污水处理方法是 A/O 法，处理工艺流程如下：

生活污水→格栅池→调节池→厌氧池→好氧池→沉淀池→清水池→排放

② 印染废水　此类废水水量大、色度高、成分复杂，一般可采取水解酸化-接触氧化-物化法处理。处理工艺流程如下：

印染废水→调节池→混凝反应池→沉淀池→水解酸化池→接触氧化池→氧化反应池→二沉池→中间池→过滤器→清水池→排放

③ 印刷油墨废水　此类废水特点是水量小、色度深、SS 和 COD 等浓度高。可参考以下处理工艺：

油墨废水→调节池→气浮池→水解酸化池→接触氧化池→混凝反应池→斜沉池→氧化池→过滤器→清水池→排放

（3）水中污染物的自然去除方式

生物或人类活动能产生很多的有机物污染对自然界产生影响，如农药 PCB、洗涤剂 TDE、医药残留物（pharmaceuticals）或内分泌紊乱化学品（EDC）、消毒副产物（DBP）、藻毒素等。虽然其中很多可能在现有的废水处理厂被去除，但排放到或已存在于自然水体的这些污染物仍可能对环境及未来对环境的使用产生负面影响。所以，有必要了解这些物质在环境中的自然去除机理。

水中污染物的去除方式包括吸附、生物降解、汽提、水解以及光解等。

① 吸附（adsorption）　吸附机理发生在有机物与水体内部或底部固体颗粒之间，在达到饱和之后，有机物将随固体颗粒的沉降被水体截留。其最重要的影响因素是有机物分离系数（K_{oc}）和水体颗粒的浓度。系数越大，水体可吸附颗粒越多，有机物被吸附的可能性越大。在地表水体中，颗粒成分一般不超过 10g/L，多数有机物的 K_{oc} 在 10^{-3} 以下，所以有机物在地表水中被吸附的量一般不会超过 10%。其影响力可以忽略不计。但在地下水，可吸附土壤超过 1000g/L，停留时间超出百倍，故大多数有机物都能被地下含水层截留。

② 生物降解（biodegradation）　生物降解可分为有氧和无氧两种。前者一般存在于浅层地表水中，而后者多为地下水中。由于微生物无处不在，生物降解几乎发生在任何地方。它对有机物的去除速度受众多因素的影响，包括物理因素（如温度、阳光）、化学因素（如营养物的存在、氧气）、生物因素（如微生物的种类、数目、驯化程度）等等。难生物降解的有机物多为农药（如 666）、洗涤剂（TDE）等氯含量比较高的物质。

③ 汽提（steam stripping）　汽提效果的主要影响因素有自身因素如亨利常数、在水中的扩散系数，也受水文因素（流动速率、搅拌程度）、温度及空气流动速率等因素的影响。这些因素的数值越大，一般就越容易被汽提。所以，汽提在自然界中主要存在

于快速流动、搅动剧烈的水体中，如山泉、瀑布等。此外，以离子状态存在的有机物（如有机酸）有很强的亲水性能，也不容易被汽提。所以常用有机物的酸碱分离常数 pK_a 来判断有机物是否能被汽提。

④ 水解（hydrolysis） 从分子结构讲，水解的程度和速度主要受化学熵能量的影响。因此，有机物的分子量大小、化学键种类和结构都是水解的控制因素。从反应速率角度讲，水解可以由水的酸性、碱性和中性情况决定，不同的化学物质表现不同。基于这些控制因素，通过了解化学物质在某两个、三个温度或酸碱度条件的表现，就能推导出其在其他任何条件的表现。或者，通过了解某类化学品中 2～3 个化学品在某固定条件的水解速率，也可以推导出其他化学品的水解速率。

⑤ 光解（photolysis） 光解是指化合物被光分解的化学反应。光解可以将分子分解成两个小分子或者两个自由基。同时，也正是这类光能对化学物质的影响，导致了很多有机物的降解。其影响因素概括起来有光的因素（光强、光波范围、化学品自身因素（敏感波段、强度、化学键和结构）、媒介因素（水的深浅、清澈度）、干扰因素（其他化学品的存在、云层）等。整体看来，在浅层清澈水体中有机物被光解的可能性比较大。值得一提的是，有些不容易被其他机理降解的物质，如 NDMA（二甲基亚硝胺），能很快地被光解。

以上机理中的重要影响指标都可以在 US 环保署的化学品特性软件（BPIWIN）查找。妥善地使用这些数据有助于理解有机污染在自然界的"生存"状态，指导科研人员从事更有效的现场调查活动。

4.3 水力空化在有机污染物降解中的应用

4.3.1 水力空化在农药降解中的应用

农业的发展带动了农化工业的发展。这导致了农药在一些地方，特别是在低收入国家，不受控制地制造（工厂地区）、储存（工厂和农业地区）和使用，农药行业的废水具有有机物浓度高、毒害大、污染物成分复杂、难生物降解物质多、有恶臭及刺激性气味、对人的呼吸道和黏膜有刺激性、废水排放量大等特点。而且具有生产工艺不稳定、操作管理等问题，为废水的处理带来了一定的难度。农药有机废水的排放，造成总磷、氨、氮超标，使水体富营养化、藻类植物大量繁殖。另外有些含高毒农药及酚、氰等化合物的废水排放，对水体中的各种动植物造成了很大的危害，同时对地下水及地表水造成污染。高浓度农药过度使用会污染水源，即使这些污染物的浓度很低/较低，也是有毒有害的。这些产品的高毒性和低生物降解性是环境污染的主要问题。它们还影响水栖环境，对人类健康造成威胁，因此从受污染的水中清除它们是当务之急。

农药废水处理主要包括物理法、化学法和生物化学法，以及近些年发展的新方法。生物处理法对 COD 去除率为 50% 左右，化学沉淀法和物理气浮法对农药废水 COD 去除率也仅为 30%，效果均不理想。尤其是对于废水中难生物降解的有机物，去除效果甚微。电化学法降解农药废水是近年来在废水处理方面研究较多的一种方法，但是随着污染物浓度升高，电解效率逐渐下降，浓度越大，降解效果越差。

　　高级氧化法与水力空化技术协同是目前处理农药降解的主要方法。原理是水力空化过程中所产生的大量高活性·OH 能够氧化废水中的化学物质，高温高压会使分子中的化学键断裂从而达到降解大分子有机物的目的。使用水力空化可以根据特定的需求产生多种可能性。流体动力空化产生·OH 伴随液体在液体特征变量的管道中流动，此过程有助于处理对环境和人类有害的物质。空化现象释放的能量也可以加以利用，以实现对化学、物理等过程的强化，达到增效、节能、降耗等效果。表 4-1 列举了水力空化在农药降解中的应用。

表 4-1　水力空化在农药降解中的应用

目标污染物	水力空化反应器类型	研究方法及条件	结论
毒死蜱	孔板	压力为 5bar，空化数为 1.54，持续时间 2h	孔板的几何形状对污染物的去除效率有重要影响；COD 去除率约为 60%，毒死蜱去除率为 98%
毒死蜱	孔板	进口压力为 5bar，pH 值为 3，反应温度在 39℃左右	随着入口压力和温度的增加，毒死蜱的降解量逐渐增加；反应 60min 毒死蜱降解率为 91.67%
三氯杀螨醇	液哨反应器	pH 值为 3，入口压力为 7bar，空化数为 0.17，反应温度 30℃	在处理时间 1h 内，85% 的总有机碳（TOC）被去除，表明三氯酚矿化成功
灭多威	圆形文丘里管	pH 值为 2.5，入口压力为 5bar，灭多威初始浓度 25mg/kg	随着空化装置入口压力的增加和 pH 值的降低，灭多威的降解速率会增加
二嗪农	孔板	反应温度在 30℃，pH 值为 4，孔板的收敛半角为 45°，处理时间 150min	二嗪农降解率可达 50.52%

注：1bar＝10^5Pa。

4.3.2　水力空化在抗生素降解中的应用

　　制药废水污染是一个公认的严重问题，对生态系统和人类健康造成长期的不利影响。在所有对环境造成污染的药物中，抗生素因其高消费率而占有重要地位。抗生素是一种具有杀死或抑制细菌生长的抗病原体或其他活性的药物。抗生素的种类有：头孢菌素类、青霉素类、四环素类、酰胺醇类和喹诺酮类等。抗生素的用途很多并被大量使用，除了可以用于治疗人类疾病，还可以作为饲料添加剂用于养殖动物。由于大多数抗生素具有易溶于水的特性，易残留在环境中的水和土壤里，因此遍布在水、土壤等介质中，不仅影响生态环境，还对人体健康造成了直接或间接的危害。

　　含抗生素废水对微生物具有难生物降解性或毒性，传统的生化过程无法有效降解。在过去的几年里，废水中抗生素的含量一直在增加，其减少已成为一个严峻的挑战。因此，开发抗生素降解的新技术迫在眉睫。高级氧化法能有效地氧化废水中的难降解有机污染物，近年来引起了广泛关注。高级氧化法的特点是释放高氧化性羟基自由基，它可以通过加入芳环或双键攻击有机污染物，并提取电子或氢。其中水力空化强化高级氧化技术在处理抗生素废水方面已经被许多研究者广泛应用。空化过程中气泡破裂产生局部的高温高压瞬变热点，还可以产生高速微射流和强烈的冲击波，引起水和挥发性污染物分子的裂解，产生 $\cdot OH$、$\cdot H$、HO_2^- 和 H_2O_2 等自由基，极性难挥发溶质可在该区域内发生氧化从而达到降解有机污染物的目的。根据伯努利原理，速率的增加会导致静压的减小。只有当局部压力下降到低于液体饱和蒸气压的某一点时才会发生空化现象，这可以通过调整收缩的几何参数来实现。在液体介质中，可以通过在流体中引入收缩装置使液体受到速率变化的影响来诱导空化。表 4-2 列举了水力空化在抗生素降解中的应用。

表 4-2 水力空化在抗生素降解中的应用

目标污染物	水力空化反应器类型	研究方法及条件	结论
卡马西平	狭缝文丘里管	压力为 4bar，pH 值为 4	卡马西平降解率为 38.7%
环丙沙星	旋转空化反应器	环丙沙星初始浓度为 50µg/L，优化转速为 2700r/min，pH 值为 2，O_3 为 0.75g/h，H_2O_2 为 0.3g/L，Fenton 试剂（1:3）	反应 30min，RHC/O_3 降解率为 91.4%，RHC/H_2O_2 为 85.6%，RHC/Fenton 为 87.6%
磺胺嘧啶	孔板	初始浓度 20mg/kg，pH 值为 4，进口压力 10atm，α-Fe_2O_3 为 Fenton 催化剂添加量 181.8mg/L	磺胺嘧啶降解率最高 81%
阿莫西林、磺胺嘧啶、强力霉素	空化射流喷嘴	溶液体积为 30L，循环时间为 60min，垂直双空化射流，喷嘴入口压力为 12MPa	COD 的最大降解率为 32.12%
卡马西平	孔板	水动力声空化（HAC）反应器：内径 10mm，频率约 24kHz，功率 200W，孔板直径 12mm，厚度 2mm，处理温度 25℃，污染物浓度 48.8µg/L	仅 HC：卡马西平 27% 转化率。仅 AC：33% 转换。HAC：15min 最大转化率大于 96%
双氯芬酸钠	文丘里管	额定功率 1.1kW 的泵，控制阀，压力表；入口压力 3bar，双氯芬酸初始浓度 20mg/L，处理温度 35℃，pH 值为 4，负载 TiO_2 量为 0.2g/L	仅 HC：降解率 26.85%。HC/二氧化钛降解率 30.37%
盐酸左氧氟沙星	空化射流喷嘴	盐酸左氧氟沙星浓度为 7.5mg/mL，反应温度为 60℃，压力为 8MPa	HC 混合器：HC 混合器更适合强化溶液与 CO_2 之间的传质。制备的盐酸左氧氟沙星非晶微颗粒粒径小于 2.1µm
布洛芬、萘普生、酮洛芬、氯乙酸、卡马西平和双氯芬酸	文丘里管	压力为 6bar，加入 20mL 30% H_2O_2	HC/H_2O_2 反应 60min：对氯纤维酸、布洛芬、萘普生、酮洛芬、卡马西平和双氯芬酸的降解率分别为 23%、19%、99.9%、29%、89%、99.9%

注：1bar＝10^5Pa。

4.3.3 水力空化在染料降解中的应用

含有染料的制药废水因其高色度、有机性质和毒性而成为破坏周围生态系统的主要污染问题。在制药工业中使用的染料中，60%～70%属于偶氮类。偶氮染料是一种重要的合成着色剂，其主要特征是存在一个或多个偶氮键（—N＝N—）与芳香体系和辅助性色素（—OH，—SO₃ 等）结合。

偶氮染料废水的处理一般采用常规生物技术、吸附和混凝絮凝法。由于偶氮染料的复杂性和难降解性，传统的生物处理方法不能完全降解它们。偶氮染料在好氧生物条件下是不可降解的，在厌氧条件下通常会转化为有害中间体。吸附和混凝/絮凝技术涉及目标分子从一个相转移到另一个相，从而引起环境二次污染物负载。因此，生物技术、吸附分离、混凝絮凝等方法都不利于偶氮染料的降解。近年来人们发现，利用水力空化技术，在极端条件下，可以将水分子分解生成羟基自由基，这些自由基最终扩散到整个液体并与目标染料发生反应从而氧化降解它们。表 4-3 列举了水力空化在染料降解中的应用。

表 4-3　水力空化在染料降解中的应用

目标污染物	水力空化反应器类型	研究方法及条件	结论
酸性红 88	文丘里管	入口压力 5bar，溶液 pH 值为 2.0，空化数 0.3，染料浓度为 100μmol/L，H_2O_2 浓度 4000μmol/L	HC：脱色率约 92%，TOC 降低 35%。HC/H_2O_2：脱色率 100%，TOC 降低 72%
活性红 120	文丘里管	入口压力 5bar，空化数 0.15；溶液 pH 值为 2.0，最佳 H_2O_2 浓度为 2040μmol/L	HC：脱色率近 60%，TOC 去除率 28%。HC/H_2O_2：脱色 100%，TOC 去除率 60%
活性橙 4	文丘里管	入口压力为 5bar，溶液 pH 值为 2.0，染料初始浓度 40mg/kg，染料与 H_2O_2 的摩尔比=1∶30，臭氧进料速率为 3g/h	HC：脱色 37.23%，TOC 降低 22.22%。HC/H_2O_2：脱色率接近 99.56%，TOC 降低 50.73%。HC/臭氧处理：60min TOC 去除率为 76.25%左右
C. I. 活性红 2	文丘里管	TiO_2 负载量 100mg/L，溶液 pH 值为 6.7，染料初始浓度 20mg/L	HC：降解率 76.6%。HC/TiO_2：降解率约为 98.8%
罗丹明 B	文丘里管、孔板	入口压力 4.84atm，温度 35℃，污染物初始浓度 10mg/kg，溶液 pH 值为 2.5，H_2O_2 浓度 200mg/L，$FeSO_4$∶H_2O_2=1∶5，CCl_4 的用量为 1g/L	HC：降解率 59.3%，TOC 减少 30%。HC/H_2O_2：降解率 99.9%，TOC 还原率 55%。HC/Fenton：降解率 100%，TOC 降低 57%。HC/CCl_4：降解率 82%，TOC 还原 34%
活性艳红 K-2BP	文丘里管	染料初始浓度 20mg/L，入口压力 0.6MPa，pH 值为 5.5，温度为 323K，H_2O_2 浓度 300mg/L	反应时间 120min，HC：去除染料约 14%。HC/H_2O_2：最大降解率 98%

目标污染物	水力空化反应器类型	研究方法及条件	结论
橘黄 G	圆形文丘里管，狭缝文丘里管和孔板	狭缝文丘里管入口压力 3bar，圆形文丘里管和孔板入口压力 5bar，溶液 pH 值为 2.0，狭缝文丘里管的空化数为 0.29，圆形文丘里管的空化数为 0.15，孔板的空化数为 0.24，染料初始浓度 50μmol/L	反应时间 120min，狭缝文丘里管菌的脱色率约为 92%，圆形文丘里管菌和孔板的脱色率分别为 76% 和 45%；狭缝文丘里管的 TOC 降低了约 37%，而圆形和孔板的 TOC 分别降低了 28% 和 14%
酸性橙Ⅱ、亮绿染色液	孔板	温度 20℃，初始染料浓度 20mg/L，进口压力 5kg/cm²，溶液 pH 值为 3，橙性酸Ⅱ中添加的 H_2O_2 浓度为 571.2mg/L，亮绿染色液中为 244.8mg/L	反应时间 120min，HC：酸性橙Ⅱ脱色率为 34.2%，TOC 去除率为 27.3%。HC/H_2O_2：酸性橙Ⅱ的降解率为 96%，亮绿染色液的脱色率为 86%

4.3.4 水力空化在其他污染物降解中的应用

随着对水力空化技术研究的不断深入，人们发现对于其他难降解的污染物质水力空化也同样具有很强的降解效果。例如，对于壳聚糖可采用孔板水力空化法降解。其中还考察了初始浓度、溶液 pH 值、上游压力和孔板结构对壳聚糖降解的影响。研究结果表明，较低的初始浓度、较低的 pH 值、较高的孔板上游压力和较长的处理时间有利于壳聚糖溶液的降解。还发现壳聚糖溶液的降解与孔板的几何形状有关，孔数大、孔直径小的平板有利于壳聚糖的降解。利用傅里叶变换红外光谱（FT-IR）和 X 射线衍射（XRD）对降解产物的结构进行了表征，证实了水力空化法可以有效地用于壳聚糖的降解。表 4-4 还列举了水力空化在其他污染物降解中的应用。

表 4-4 水力空化在其他污染物降解中的应用

目标污染物	水力空化反应器类型	研究方法及条件	结论
壳聚糖	文丘里管	溶液浓度为 0.5g/L，pH 值为 4.4，上游压力 0.2MPa	处理 13h 特性黏度降低率达到 66%
吡虫啉（烟碱类杀虫剂）	文丘里管	入口压力 15bar，溶液 pH 值为 2.0，空化数 0.067，吡虫啉染料初始浓度 25mg/L，吡虫啉与 H_2O_2 的比例为 1∶40	HC：降解率 26.5%。HC/H_2O_2：45min 内吡虫啉降解约 100%，TOC 去除率 9.65%
甲草胺	圆柱旋转室	入口压力为 0.6MPa，溶液 pH 值为 12，染料初始浓度为 50mg/L，反应温度 40℃	HC：降解速率常数为 $4.90×10^{-2} min^{-1}$；降解速率随介质温度和压力的增加而增加。采用气相色谱-质谱法描述了降解途径
2,4-二氯苯氧乙酸	孔板	铁块 150g，溶液 pH 值为 2.5，温度 20℃	处理时间 90min，HC/Fenton：TOC 残留量降低至 30%

续表

目标污染物	水力空化反应器类型	研究方法及条件	结论
对苯二甲酸	孔板	温度 35℃，每个孔直径 2mm，流通面积 113.1mm^2，孔总周长 150.796mm	HC 仅 5h 对苯二甲酸的空穴产率达到 60% 左右；结果表明，所有基底为 HC 的空化率均大于声空化率
偏二甲肼	孔板	溶液 pH 值为 2.0，初始浓度 2mg/L，系统的入口压力为 7.8bar	反应时间 120min，HC：偏二甲肼的降解率约为 98.6%。气相色谱-质谱分析确认甲酸和乙酸为氧化副产物
对硝基苯酚	文丘里管、孔板	污染物初始浓度 5g/L，进口压力 42.6psi（1psi = 1ppsi = 6.89476 × 10^{3}Pa），溶液 pH 值为 3.75，FeSO$_4$：H$_2$O$_2$ = 1:5，H$_2$O$_2$ 浓度为 10g/L	反应时间 90min，HC：文丘里管降解率为 53.4%，孔板去除率为 51%。HC/H$_2$O$_2$：去除率 60%。HC/Fenton：孔板降解率 63.2%

 参考文献

[1] Randhavane S B. Comparing geometric parameters in treatment of pesticide effluent with hydrodynamic cavitation process[J]. Environmental Engineering Research, 2019, 24(2): 318-323.

[2] Randhavane S B, Khambete A K. Hydrodynamic cavitation: An approach to degrade Chlorpyrifos pesticide from real effluent[J]. KSCE Journal of Civil Engineering, 2018, 22(7): 2219-2225.

[3] Panda D, Manickam S. Hydrodynamic cavitation assisted degradation of persistent endocrine-disrupting organochlorine pesticide Dicofol: Optimization of operating parameters and investigations on the mechanism of intensification[J]. Ultrasonics Sonochemistry, 2019, 51: 526-532.

[4] Raut-Jadhav S, Saini D, Sonawane S, et al. Effect of process intensifying parameters on the hydrodynamic cavitation based degradation of commercial pesticide (methomyl) in the aqueous solution [J]. Ultrasonics sonochemistry, 2016, 28: 283-293.

[5] Li B, Li S, Yi L, et al. Degradation of organophosphorus pesticide diazinon by hydrodynamic cavitation: Parameters optimization and mechanism investigation [J]. Process Safety and Environmental Protection, 2021, 153: 257-267.

[6] Mukherjee A, Mullick A, Moulik S, et al. Oxidative degradation of emerging micropollutants induced by rotational hydrodynamic cavitating device: A case study with ciprofloxacin[J]. Journal of Environmental Chemical Engineering, 2021, 9(4): 105652.

[7] Roy K, Moholkar V S. Sulfadiazine degradation using hybrid AOP of heterogeneous Fenton/persulfate system coupled with hydrodynamic cavitation[J]. Chemical Engineering Journal, 2020, 386: 121294.

[8] Tao Y, Cai J, Huai X, et al. A novel antibiotic wastewater degradation technique combining cavitating jets impingement with multiple synergetic methods[J]. Ultrasonics Sonochemistry, 2018, 44: 36-44.

[9] Braeutigam P, Franke M, Schneider R J, et al. Degradation of carbamazepine in environmentally relevant concentrations in water by Hydrodynamic-Acoustic-Cavitation (HAC)[J]. Water research, 2012, 46(7): 2469-2477.

[10] Bagal M V, Gogate P R. Degradation of diclofenac sodium using combined processes based on hydrodynamic

cavitation and heterogeneous photocatalysis[J]. Ultrasonics sonochemistry, 2014, 21(3): 1035-1043.

[11] Cai M Q, Guan Y X, Yao S J, et al. Supercritical fluid assisted atomization introduced by hydrodynamic cavitation mixer (SAA-HCM) for micronization of levofloxacin hydrochloride[J]. The Journal of Supercritical Fluids, 2008, 43(3): 524-534.

[12] Zupanc M, Kosjek T, Petkovšek M, et al. Removal of pharmaceuticals from wastewater by biological processes, hydrodynamic cavitation and UV treatment [J]. Ultrasonics sonochemistry, 2013, 20(4): 1104-1112.

[13] Saharan V K, Pandit A B, Satish Kumar P S, et al. Hydrodynamic cavitation as an advanced oxidation technique for the degradation of acid red 88 dye[J]. Industrial & engineering chemistry research, 2012, 51 (4): 1981-1989.

[14] Saharan V K, Badve M P, Pandit A B. Degradation of Reactive Red 120 dye using hydrodynamic cavitation[J]. Chemical Engineering Journal, 2011, 178: 100-107.

[15] Gore M M, Saharan V K, Pinjari D V, et al. Degradation of reactive orange 4 dye using hydrodynamic cavitation based hybrid techniques[J]. Ultrasonics sonochemistry, 2014, 21(3): 1075-1082.

[16] Wang X, Jia J, Wang Y. Degradation of CI Reactive Red 2 through photocatalysis coupled with water jet cavitation[J]. Journal of Hazardous Materials, 2011, 185(1): 315-321.

[17] Mishra K P, Gogate P R. Intensification of degradation of Rhodamine B using hydrodynamic cavitation in the presence of additives[J]. Separation and Purification Technology, 2010, 75(3): 385-391.

[18] Wang J, Wang X, Guo P, et al. Degradation of reactive brilliant red K-2BP in aqueous solution using swirling jet-induced cavitation combined with H_2O_2[J]. Ultrasonics sonochemistry, 2011, 18(2): 494-500.

[19] Saharan V K, Rizwani M A, Malani A A, et al. Effect of geometry of hydrodynamically cavitating device on degradation of orange-G[J]. Ultrasonics sonochemistry, 2013, 20(1): 345-353.

[20] Gogate P R, Bhosale G S. Comparison of effectiveness of acoustic and hydrodynamic cavitation in combined treatment schemes for degradation of dye wastewaters[J]. Chemical Engineering and Processing: Process Intensification, 2013, 71: 59-69.

[21] Yan J, Ai S, Yang F, et al. Study on mechanism of chitosan degradation with hydrodynamic cavitation[J]. Ultrason. Sonochem., 2020, 64: 105046.

[22] Raut-Jadhav S, Saharan V K, Pinjari D, et al. Synergetic effect of combination of AOP's (hydrodynamic cavitation and H_2O_2) on the degradation of neonicotinoid class of insecticide[J]. Journal of Hazardous Materials, 2013, 261: 139-147.

[23] Wang X, Zhang Y. Degradation of alachlor in aqueous solution by using hydrodynamic cavitation[J]. Journal of Hazardous Materials, 2009, 161(1): 202-207.

[24] Bremner D H, Di Carlo S, Chakinala A G, et al. Mineralisation of 2, 4-dichlorophenoxyacetic acid by acoustic or hydrodynamic cavitation in conjunction with the advanced Fenton process[J]. Ultrasonics sonochemistry, 2008, 15(4): 416-419.

[25] Ambulgekar G V, Samant S D, Pandit A B. Oxidation of alkylarenes using aqueous potassium permanganate under cavitation: Comparison of acoustic and hydrodynamic techniques[J]. Ultrasonics sonochemistry, 2005, 12 (1-2): 85-90.

[26] Angaji M T, Ghiaee R. Decontamination of unsymmetrical dimethylhydrazine waste water by hydrodynamic cavitation-induced advanced Fenton process[J]. Ultrasonics Sonochemistry, 2015, 23: 257-265.

[27] Pradhan A A, Gogate P R. Removal of p-nitrophenol using hydrodynamic cavitation and Fenton chemistry at pilot scale operation[J]. Chemical Engineering Journal, 2010, 156(1): 77-82.

第5章

水力空化强化高级氧化技术
降解有机污染物的研究

从目前研究来看，针对水力空化技术在污水处理领域的应用，学者们开展了卓有成效的研究。研究结果表明，水力空化在污水处理领域具有很好的前景。但是水力空化单独处理的效率较低，若将其作为预/后处理与其他高级氧化法（AOPs）联用，则可以达到满意的去除率，同时加大了水力空化工业化应用的可能。

5.1 高级氧化技术对有机污染物降解的效果及机理

5.1.1 光催化技术

自从 TiO_2 电极在紫外光的照射下能裂解水产生氢气这一现象被发现后，光催化技术首次被提出。光催化剂被光激发后，价带上产生的光生空穴能将废水中有机污染物矿化成二氧化碳和水，导带上产生的光生电子可以将高毒性的重金属离子还原成低毒或无毒的离子。相比于传统的分别处理有机污染物和重金属离子的方法，光催化技术能将其同时处理，这将大大提高处理效率、降低成本并节约能源。因此，利用光催化技术同时处理含有酚类有机物和重金属离子的废水是一个好的选择。而对于特定污染物的处理，选择合适的光催化剂也是必要的。在过去几十年的发展中，探索和开发高效的光催化剂一直是众多研究者追求的目标。起初，单一半导体作为光催化剂（如 TiO_2、ZnO 等）被用来降解或转化污染物。但是受禁带宽度的影响，这些光催化剂只吸收太阳光中的部分光，对光的利用率并不高，从而影响了光催化活性。另外，光生电子与光生空穴非常容易在单一半导体内部或表面发生复合，使参与光催化反应的光生空穴和电子减少，影响了降解或转化的效率。而且，单一的半导体不能同时具有强的氧化能力和还原能力，对于同时降解有机物和转化无机离子也存在一定的困难。

据此，研究者通过以下方法对单一半导体光催化剂进行不断地改进。①通过优选合成方法对半导体的形貌、尺寸以及暴露的晶面进行调控。②通过离子掺杂或者构筑固溶体的方法对半导体的能带结构进行调整。③通过贵金属沉积、染料敏化以及半导体复合的方法对其表面进行修饰。其中，半导体的复合是改善光催化性能最常见且有效的手段。将两个能带结构不同的半导体复合，一方面光的响应范围可以被拓宽，提高了太阳光的利用率；另一方面能够有效地促进光生电荷的分离从而可以同时提高降解和转化效率。因此，设计一个高效的复合光催化剂对于同时处理含有酚类有机物和重金属离子的废水具有非常重要的意义。

5.1.1.1 光催化降解及转化的机理

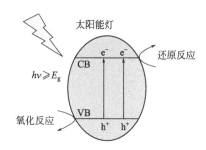

图 5-1　光催化降解及转化机理图

如图 5-1 所示，在光催化技术中半导体材料通常被用作光催化剂。半导体能带结构并不是连续的，它是由被电子填满且具有较低能量的价带和空电子且具有较高能量的导带，以及位于价带和导带之间的禁带组成的。而最高价带和最低导带之间的能量差被称作禁带宽度，一般用 E_g 表示。当半导体被等于或者大于其禁带宽度的入射光照射时，半导体价带上的电子被激发并跃迁至半导体的导带，与此同时空穴被留在价带上，从而光生电子和空穴对在半导体内部形成。其中一部分光生电子和光生空穴对极易在半导体内部或者表面发生复合，释放出光和热；另一部分光生电子和光生空穴对在电场或浓度梯度的作用下，迁移扩散至半导体的表面。这些具有氧化能力的光生空穴和具有还原能力的光生电子能与吸附在半导体表面的物质发生氧化反应和还原反应。

有机污染物能被光生空穴氧化成低分子量的有机物，并且最终能被完全降解成无机离子、CO_2 以及 H_2O。而高价态毒性高的离子也可以被光生电子还原成低价态毒性低或无毒的离子。另外，光生空穴还能与吸附在半导体表面的水分子反应生成羟基自由基（·OH）。光生电子还能与溶解氧反应生成超氧自由基（·O_2^-），而一部分超氧自由基又与水分子反应生成活性氧物种，再通过一系列复杂的化学反应最终生成羟基自由基。而生成的强氧化性的 ·O_2^- 或 ·OH 也可作为主要的活性物种去氧化有机污染物，从而实现环境的净化。然而，从上述机理看，也存在一些因素影响光催化的性能，如半导体对光吸收的频谱范围和吸收能力、光生电子和光生空穴复合的速率、光生空穴和电子与吸附在半导体表面的污染物发生氧化还原反应的速率。因此，运用光催化技术的同时考虑以上因素，并结合实际情况选择合适的光催化剂去处理污染物是十分必要的。

5.1.1.2 光催化降解及转化污染物的应用

（1）光催化氧化降解染料废水

染料废水是我国难处理的行业性废水之一，废水种类多，水质成分复杂，色度深，毒性大。随着染料工业的迅速发展，对环境的危害日趋严重。光催化氧化技术能够利用光催化剂在紫外光辐射下产生的具有强氧化还原能力的空穴与电子，将废水中的有机染料深度氧化，最终分解为 CO_2 和 H_2O，从而消除其对环境的污染。由于该技术反应选择性低、条件温和、速度快、无二次污染等优点，是近几年的研究热点，发展前景广阔。

彭小明等制备了磷掺杂的介孔石墨氮化碳（P-mpg-C_3N_4），并研究复合催化材料对亮丽春红 5R 有机染料（BP-5R）的去除效果。结果表明反应的准一级降解速率可达 $0.129min^{-1}$。投加 20mg P-mpg-C_3N_4 对 BP-5R 溶液（50mL，25mg/L）反应 30min，降解率为 94.5%，降解速率是类石墨相氮化碳 g-C_3N_4 的 31.3 倍，并验证了降解过程中起主要作用的是空穴（h^+）和超氧自由基（$\cdot O_2^-$）。

（2）光催化还原去除重金属离子

重金属离子具有生物不可降解性特点，且进入环境后只能发生迁移和形态的转换，而不会从环境中消失，从而能够长期存在于环境中。当催化剂受到的外界光源的照射能量超过或等于催化剂的带隙能时，便会产生大量的具有强还原性的光生电子和具有强氧化性的光生空穴。若电子接触到具有高还原电位的电子受体的重金属离子，则发生光催化还原反应，从而使重金属离子得到去除。

李小燕等制备了一种 CuO/$BiFeO_3$ 复合光催化剂，采用 GHX 型光催化反应装置对 U(Ⅵ)进行光催化还原实验。以 500W 可调氙灯作为光源，用冷却循环泵对光源进行充分冷却，实验过程中控制反应温度在 25℃左右。实验结果表明，当复合材料中 CuO 负载量为 10%，pH 值为 4.5，光催化剂的投加量为 0.6g/L，反应时间为 100min 时，对 U(Ⅵ)的还原去除率可以达到 96%以上。

（3）光催化处理含油废水

炼油废水当中通常含有高浓度的脂肪族和芳香族石油烃类物质，其中如苯酚、苯酚衍生物等物质由于具有极高的毒性、稳定性和较差的生物降解性，对水体生态系统和人类健康造成了很大的威胁。许多研究尝试利用光催化材料催化降解含油废水。

Mokhbi 等研究了光催化/芬顿与紫外光源结合处理含油废水的效率。实验原水取自 Haoud Berkaoui 水站，含油废水的初始 COD 为 1298mg/L，浊度 120 NTU，酸碱度 6.3，反应控制参数为 TiO_2 投加量、Fe^{2+} 浓度、H_2O_2 浓度、pH 值以及温度。结果表明在初始 pH 值为 6~7，TiO_2 投加 0.8g/L，Fe^{2+} 浓度为 40mg/L，H_2O_2 投加量在 400mg/L 时，对于含油废水 COD 的去除率可以达到 80%。

5.1.2　超声催化降解

对于一些分子结构独特物质的降解，传统降解方法显得心余力绌。超声波是一种特别的声波，它的频率高于 20000Hz，频率下限超过人耳听觉范围。它具有穿透能力强、方向性好、容易聚集声学能量等优点，已经被广泛应用于医学诊断、军事探测、工业焊接、超声清洗等领域。

5.1.2.1 超声催化降解机理

在超声波（US）的辐射下，在液体中产生许多微小的气泡，它们振动，生长，聚集声学能量，最后在绝热环境中伴随着局部高温和高压的产生，形成空化气泡并快速崩溃，此过程称为超声空化效应。在空化气泡中的水分子将会发生一系列化学反应，进而产生高活性的物质，这些高活性的物质会降解周围的有机污染物，此过程称为声解。但是，单一超声波处理有机污染物难以达到良好的降解效果。将声解与纳米半导体材料相结合的声催化技术将会大大改善了这个问题。超声波空化效应伴随着光和热的产生，即声致发光。声致发光能够产生波长范围很宽的光，经过一系列复杂的化学反应产生空穴和自由基，空穴和自由基均具有较强的氧化能力，可以直接降解水中的有机污染物。声催化技术具有很多其他方法难以取代的优点，比如传输模式特殊、穿透能力超强、效率高以及操作简便等。因此，对于处理不透明或低透明度废水中的有机污染物声催化降解技术将会是一个有效的途径。

综上所述，声催化降解的主要机理有两点：一是空化效应机理，二是声致发光机理。空化效应导致的空化泡在局部产生高温和高压，形成"热点"区域，促使有机物在空化核内发生化学键断裂、水相燃烧、高温分解、超临界水氧化和自由基氧化等反应。超声空化效应为化学反应提供了一个独特的极端物理环境，增强对有机物的降解能力，一般经过持续超声作用最终可达到完全矿化。当强大的声波作用于液体的时候，液体中会产生一种"声空化"现象，即在液体中产生气泡，气泡随即坍塌到一个非常小的体积，内部的温度可以超过 10 万摄氏度，在这个过程中会发出瞬间的闪光。这就是被称为"声致发光"的一种现象。

超声催化降解是一门新兴的技术，1990 年首次被提出，并于 2000 年左右被应用于环境污染物的降解，后续研究又加入一些催化剂，提升其降解效率。由于声催化降解的机理非常复杂，我们暂时提出如下可能的机理。超声作用产生空化作用，由声致发光产生的光，一部分可见光照射在价带较窄的半导体催化剂上产生电子（e^-），把氧气（O_2）还原成超氧自由基（$\cdot O_2^-$），可降解污染物；另一部分可见光通过上转换发光剂，变成紫外光，照射到价带较宽的半导体上，产生空穴（h^+），可以将有机污染物氧化成 CO_2 和 H_2O。两种半导体复合的电子（e^-）空穴（h^+）复合中心，可使无用的电子空穴快速复合，保证有用的电子和空穴有效地进行各自的反应。

5.1.2.2 超声催化降解及转化污染物的应用

（1）超声催化氧化法处理活性污泥

目前，世界上大部分的城市污水处理都采用活性污泥法，在此过程中产生大量的剩余污泥。污泥有机物含量高并含有重金属、病原体等有毒有害物质，若不进行妥善处理或处置，极易给环境带来二次污染。

Ning 等通过超声催化氧化和活性污泥的组合工艺对焦化废水中有机污染物进行了降解，结果表明，与单一活性污泥工艺相比，超声催化氧化法与活性污泥的结合可以大大提高有机污染物的降解效率。当废水先通过超声辐射处理，然后再进行活性污泥处理 240min 时，化学需氧量（COD）的降解效率提高了 48.29%～80.54%。此外，在超声辐射过程中添加 3.0mmol/L 的硫酸亚铁时，COD 降解效率高达 95.74%，比单独的活性污泥法高 63.49%。

（2）超声催化氧化法处理选矿废水

选矿废水水量大、成分复杂，其中含有高浓度的选矿剂和大量金属离子，若未经处理直接排放，不仅会严重污染水体，而且会破坏环境。

Zhao 等研究了一种新型 SnO_2-Sb-CA 电极催化剂，并研究了在超声电化学氧化法（US-EC）下降解水中选矿剂-全氟辛酸（PFOA）的效果。结果表明，与单独 EC 相比，在 US-EC 系统中的 PFOA 去除率和总有机碳（TOC）去除率分别达到 91% 和 86%，而在单独 EC 工艺中，PFOA 的去除率和 TOC 去除率仅为 47% 和 33%。说明在超声辅助条件下增加了电极催化剂的负荷，增强了质量传递过程，促进了·OH 的生成，因此可以借助 US 提高降解和矿化能力。

（3）超声催化氧化法降解农药废水

随着我国农药产量的逐年提高，农药废水的处理形势也日益严峻，农药废水处理的新工艺、新方法成为科研工作者研究的热点。

Wang 等在不同的实验条件下，包括不同剂量的 H_2O_2 和 Fe^{2+} 以及一系列初始污染物（呋喃丹）浓度，通过超声催化氧化法、Fenton 法和超声-Fenton 法三种不同的方法研究了水溶液中呋喃丹的降解。结果表明，在单独 Fenton 法过程中，随着 H_2O_2 剂量的增加（0～200mg/L），呋喃丹的降解率从 22% 增加到 44%。而当 H_2O_2 剂量大于 300mg/L 时呋喃丹降解率降低至 12%～14% 左右。原因是首次加入 H_2O_2 时·OH 生成量的增加，但是在更高的 H_2O_2 浓度下·OH 可能被各种机制所消耗，包括 H_2O_2 的清除作用和·OH 的重组。而超声-Fenton 法可以在 30min 内降解超过 99% 的呋喃丹，可能是由于超声产生的·OH 提升了 Fenton 试剂的催化降解效果。

5.1.3 芬顿降解

芬顿反应能有效地去除水中有毒、难降解的有机物。其反应原理是过氧化氢（H_2O_2）在 Fe^{2+} 的催化作用下生成具有强氧化能力的羟基自由基·OH。·OH 可以降解大多数有机物，受到国内外研究者的广泛关注。但是传统的芬顿方法中由于需要外加 H_2O_2 和 Fe^{2+}，从而增加了成本，反应过程中会产生大量需要二次处理的氢氧化铁污泥副产物，并且反应开始时加入的 Fe^{2+} 会转化成 Fe^{3+}，使反应速率减慢。鉴于此，研究者在传统的芬顿反应基础上进行了改进，其中比较理想的方法是电芬顿反应法。

5.1.3.1 电芬顿反应原理及分类

总体来说电芬顿反应是由电极产生 H_2O_2 和（或）Fe^{2+}，进而产生羟基自由基 $\cdot OH$ 并发生一系列链式反应，来降解有机污染物。首先在酸性溶液中溶解氧或空气在阴极表面通过氧化还原反应（ORR）连续产生 H_2O_2，如反应式（5-1）所示；溶液中加入的 Fe^{2+} 与 H_2O_2 反应生成强氧化剂羟基自由基 $\cdot OH$，同时得到 Fe^{3+}，如反应式（5-2）所示；溶液中 Fe^{3+} 在阴极上得到一个电子被还原成 Fe^{2+}，如反应式（5-3）所示；又 Fe^{2+} 与 H_2O_2 反应生成强氧化剂羟基自由基（$\cdot OH$），使反应循环进行处理有机污染物，使其氧化分解为 CO_2、H_2O 和无机离子，如反应式（5-4）和式（5-5）所示。

$$O_2 + 2H^+ + 2e^- \longrightarrow H_2O_2 \qquad (5\text{-}1)$$

$$Fe^{2+} + H_2O_2 \longrightarrow Fe^{3+} + \cdot OH + OH^- \qquad (5\text{-}2)$$

$$Fe^{3+} + e^- \longrightarrow Fe^{2+} \qquad (5\text{-}3)$$

$$\text{有机污染物} + \cdot OH \longrightarrow \text{氧化中间产物} \qquad (5\text{-}4)$$

$$\text{中间产物} + \cdot OH \longrightarrow CO_2 + H_2O + \text{无机离子} \qquad (5\text{-}5)$$

根据 Fe^{2+} 和 H_2O_2 不同的产生方式，可将电芬顿法分为 4 种类型。

（1） Fe^{2+} 和 H_2O_2 均由电化学法制备

铁板阳极失去两个电子被氧化成 Fe^{2+}，同时，溶解氧在阴极板上被还原为 H_2O_2，电解槽内生成相同摩尔数的 Fe^{2+} 和 H_2O_2，然后在 Fe^{2+} 的催化作用下 H_2O_2 反应生成羟基自由基，实现电芬顿反应，降解有机物。

（2） Fe^{2+} 由外部投加

H_2O_2 通过氧气在阴极还原产生，H_2O_2 与加入的 Fe^{2+} 发生芬顿反应生成羟基自由基，同时得到被氧化的 Fe^{3+}，Fe^{3+} 在阴极上被还原成 Fe^{2+}，Fe^{2+} 又与阴极产生的 H_2O_2 发生电芬顿反应，这样形成一个循环，高效地处理有机污染物。

（3） Fe^{2+} 通过阳极氧化产生

H_2O_2 由外部投加，Fe^{2+} 与加入的 H_2O_2 发生芬顿反应，剩下的过程同类型（2）。

（4） H_2O_2 由外部投加， Fe^{2+} 由 Fe^{3+} 在阴极表面还原产生

该方法又叫阴极还原法，Fe^{2+} 一般借助于 $Fe(OH)_3$ 污泥或者 $Fe_2(SO_4)_3$ 产生，还原生成的 Fe^{2+} 和外部投加的 H_2O_2 发生电芬顿反应，处理有机污染物。

5.1.3.2 电芬顿技术降解及转化污染物的应用

电芬顿反应可降解染料废水、酚类废水、芳香族化合物等有机污染物，具体应用列举如表 5-1。

表 5-1 电芬顿技术降解及转化污染物的应用

序号	研究人员	目标污染物	实验条件	去除效果
1	杜鹃山等	亚甲基蓝	电压：3V；pH：1.5～2.5；亚甲基蓝浓度：20μL/L；Na_2SO_4 量：0g；$MnSO_4$ 量：1.0g；运行时间：90min	去除率达到了 99.56%
2	廉宇等	酸性橙Ⅱ	电流密度：7.5mA/cm；pH：3.0；酸性橙Ⅱ浓度：30mg/L；Na_2SO_4：50mmol/L；催化剂：0.1mmol/L；运行时间：10min	基本完全分解酸性橙Ⅱ分子结构中的偶氮键和萘环
3	班福忱等	苯酚	催化剂：0.1mmol/L；pH：3.0；电压：9V；曝气强度：25mL/s	去除率为 87.5%
4	班福忱等	五氯硝基苯	电流密度：17.26A/m²；溶液 pH：3；运行时间：60min	去除率达90%以上
5	毕强等	COD	空气流速：2.5L/min；电流密度：5.2mA/cm²；溶液 pH：3；极板间距：2cm；运行时间：240min	COD 最高去除率可达 78.62%

5.2 高级氧化联用技术在有机污染物降解中的应用

5.2.1 超声-光催化降解有机污染物的研究进展

超声-光催化联合技术凭借其技术简单、环境友好、适用范围广等优点，受到国内外的广泛关注。

5.2.1.1 超声-光催化联合技术氧化降解机理

超声-光催化联合技术的作用机理是基于超声的空化效应、自由基效应以及机械效应对光催化过程的影响（见图 5-2）。超声空化效应产生的局部位点上的高温高压创造了一个极端的物理化学环境，加快了化学反应的固有速率；除了光诱导产生的电子和空穴与有机物发生反应外，超声空化诱导产生的自由基也将参与有机物的降解反应；超声波产生的声流和空化气泡的瞬时崩裂，将导致溶液的紊乱，从而可以对催化剂的表面进行清洗，使之保持更多的活性位点以参与反应；超声波产生的冲击和微射流将加强液相中反应物、产物、自由基与催化剂固相表面之间的传质速率；超声波对催化剂产生的解聚和分散作用及在超声波作用下催化剂表面产生的点蚀现象将使光催化剂活性表面及催化位点更多地暴露出来，提高光催化剂的功能活性。

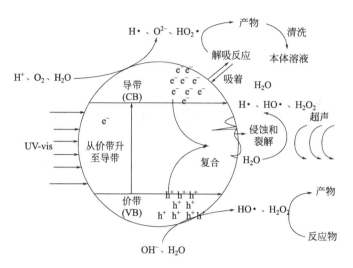

图 5-2 超声-光催化降解污染物原理示意图

5.2.1.2 超声-光催化技术的研究进展

本小节展示了近十几年来超声-光催化降解有机污染物的相关应用研究，见表 5-2。

表 5-2 超声-光催化技术降解及转化污染物的应用

序号	研究人员	目标污染物	实验结论
1	Ragaini 等	2-氯苯酚水溶液	降解速率大小为：$UV+TiO_2+O_3 \geqslant US+UV+TiO_2+O_3 > US+O_3 > UV+O_3 > O_3 > US+UV+TiO_2 > UV+TiO_2 \gg US$
2	Wu 等	苯酚水溶液	低 pH 值和高溶解气体浓度有利于苯酚的降解，Fe^{2+} 的存在能促进对苯酚溶液 TOC 的去除
3	Silva 等	含有 13 种酚类化合物的水溶液	从污染物去除和溶液矿化方面来看，US/UV 处理方法比单独的处理方法更为有效，H_2O_2 的添加能进一步促进降解过程
4	Ma 等	酸性橙 7 水溶液	单独超声作用和可见光辐照条件下对酸性橙 7 的去除率分别为 35%和 3%，而二者同时作用时其去除率达到 65%，说明超声和光照产生了协同效应
5	Bejarano-Perez 等	刚果红和甲基橙染料	考察了多种参数对降解速率的影响，发现 47 kHz 的超声结合光催化降解产生了协同效应
6	Gonzalez 等	碱性蓝 9 水溶液	超声-光催化过程的一级反应速率常数分别是光催化降解和超声降解过程 2 倍和 10 倍
7	Wang 等	甲基橙水溶液	在超声-光催化体系中采用 60mg/L 的 Ag/TiO₂ 作为催化剂处理溶液时，能够获得最有效的降解效果，降解过程符合准一级反应动力学，并产生协同效应
8	Peller 等	有机含氯芳香化合物	超声处理对污染物分子的初步降解相当有效，但难以实现完全矿化；光催化降解过程会引起反应中间产物的增加；高频超声结合光催化降解能够取得较快和完全的有机物矿化

续表

序号	研究人员	目标污染物	实验结论
9	Hirano 等	有机含氯化合物	采用组合工艺降解有机含氯化合物时发现，只有降解四氯化碳和三氯乙酸时，超声与光催化的联用产生了协同效应
10	Madhavan 等	久效磷（MCP）	联用技术的降解过程产生了中间产物磷酸根，这种离子可能吸附于光催化剂的表面而与 MCP 竞争·OH，不利于其降解；TOC 数据表明，联用技术的降解过程只产生相加效应而不产生协同效应
11	Bahena 等	苯乙肼和异丙甲草胺	超声与光催化联用能完全矿化两种商业除草剂，并且降解速率高于单独超声和光催化降解过程

5.2.2　超声-臭氧氧化技术降解有机污染物的研究进展

单独超声技术在能量转化上存在很大的浪费，较高的处理成本是限制该技术大规模工业应用的主要原因。将超声技术与臭氧技术结合，能有效克服单独臭氧氧化技术及单独超声技术的缺点且具有良好的协同效应，另外该过程无需添加其他化学试剂。

5.2.2.1　超声-臭氧氧化技术氧化降解机理

超声波用于水处理利用的是其在废水中产生的超声空化效应，局部高温（>5000K）高压（>20MPa）、自由基、冲击波和射流被认为是超声波技术处理有机污染物的主要因素。有研究认为超声空化会导致水体中发生如下反应，见式（5-6）~式（5-8）。

$$H_2O \xrightarrow{\text{超声波}} \cdot OH + \cdot H（热分解） \tag{5-6}$$

$$\cdot H + O_2 \longrightarrow HO_2 \cdot \tag{5-7}$$

$$\cdot OH + \cdot OH \longrightarrow H_2O_2 \tag{5-8}$$

如果溶液中有饱和的溶解氧，则会进一步导致如下反应，见式（5-9）~式（5-12）。

$$O^{2+} \xrightarrow{\text{超声波}} O + O \tag{5-9}$$

$$O + H_2O \longrightarrow \cdot OH + \cdot OH \tag{5-10}$$

$$O_2 + \cdot H \longrightarrow HO_2 \cdot \tag{5-11}$$

$$HO_2 \cdot + HO_2 \cdot \longrightarrow H_2O_2 + O_2 \tag{5-12}$$

超声处理水中难降解有机污染物主要是通过气相的热分解反应和液相的氧化反应，其中氧化反应由超声在水中产生的羟基自由基来控制。

臭氧氧化水中难降解有机污染物的方式主要有两种：其一是臭氧有选择性地直接氧化一些带有特征官能团（如双键、亲核基团）的有机污染物；其二是臭氧分解产生具有强氧化性的羟基自由基，对难降解有机污染物进行氧化降解。该氧化过程没有选择性，分别如式（5-13）、式（5-14）所示。

$$直接反应:污染物 + O_3 \longrightarrow 氧化产物 \tag{5-13}$$

$$间接反应:污染物 + \cdot OH \longrightarrow 氧化产物 \tag{5-14}$$

当超声与臭氧联用时，超声空化形成的高温高压条件会进一步强化臭氧分解产生羟基自由基的过程，见式（5-15）、式（5-16）。

$$O_3^+ \xrightarrow{\text{超声波}} O_2 + O \tag{5-15}$$

$$O + H_2O \longrightarrow 2 \cdot OH \tag{5-16}$$

综上可知，臭氧与超声联用增加了水体中羟基自由基产生的概率，一个臭氧分子可以产生 2 个·OH，提高了水中羟基自由基的浓度，从而可以强化难降解有机污染物的降解。

5.2.2.2 超声-臭氧氧化技术的研究进展

本小节展示了近十几年来超声-臭氧氧化降解有机污染物的相关应用研究，见表 5-3。

表 5-3 超声-臭氧氧化技术的应用

序号	研究人员	目标污染物	实验结论
1	Zhiqiao He 等	C. I. 活性黑 5（RB5）	RB5 脱色度符合拟一级降解动力学模型；RB5 初始浓度增大不利于脱色；表观活化能 E_a 为 11.2kJ/mol，证明反应几乎不受温度的影响；由于发色基团被破坏，反应过程中脱色速率远高于 TOC 去除率
2	GuoDong Ji 等	APG12124 表活剂溶液中的咔唑	超声频率和功率分别为 28kHz、20W 时，30min 处理时间能将咔唑的降解率提高 5%～10%；当功率分别至 40W 和 80W 时，前 5min 咔唑的去除效果被明显提高，15min 后去除率反而低于 20W 条件；·OH 生成量反比于超声功率，正比于超声辐射时间
3	Lei Zhao 等	硝基苯	对超声场（28 kHz）数量、·OH 生成量与氧化率之间的关系进行了系统的研究，发现超声场数量的增加能同时强化臭氧传质及自由基生成量，进而提高硝基苯的去除率
4	Zheng Xu 等	1，4-二氧六环	采用臭氧-超声-微气泡耦合技术对该物质进行氧化降解，结果表明协同作用主要是由于大量·OH 的生成、超声输入功率的提高及更高的臭氧浓度
5	Bing Wang 等	磺化酚醛树脂	超声能将臭氧微气泡传质系数提高 0.194min^{-1}，磺化酚醛树脂去除率被提高的主要原因为臭氧传质等提高及额外·OH 的生成
6	Weavers 等	硝基苯（NB）、4-硝基苯酚（4-NP）和 4-氯苯酚（4-CP）	在 20kHz 时，由于声解臭氧相互作用有所增强，而在 500kHz 时，则出现明显的延迟；NB、4-NP 和 4-CP 在 20kHz 降解的催化作用随着化合物中臭氧变化速率 k_{O_3} 的降低而增加，而在 500kHz 的延迟与 k_{O_3} 的增加相关；在最佳条件下，单独臭氧氧化对 NB 的降解率为 73%，超声臭氧氧化联合工艺的降解率则可达 87%
7	Destaillats 等	偶氮苯（AB）和甲基橙（MO）	硝基苯和苯醌为两种相当持久的超声波分解副产物，通过联合氧化处理迅速完全矿化；在最佳条件下，单独臭氧氧化对混合溶液的 25min 降解率为 25%，单独超声声解对混合溶液的 150min 降解率为 20%，超声臭氧氧化联合工艺的 25min 降解率则可达 80%
8	Weavers 等	五氯酚	与单独超声和臭氧化线性组合实验相比，超声过程中臭氧的加入对五氯苯酚的一级降解常数没有影响；组合体系的剩余动力学效应为零（$k_{US/O_3}=0$）；超声反应观察到的副产物包括四氯邻苯醌、草酸盐和氯化物

序号	研究人员	目标污染物	实验结论
9	Kang 等	甲基叔丁基醚（MTBE）	臭氧存在的条件下，MTBE 的声解速度明显加快；臭氧对 MTBE 的降解速率随 MTBE 初始浓度的增加而增加 1.5～3.9 倍；甲酸叔丁酯、叔丁醇、乙酸甲酯和丙酮是降解反应的主要中间体和副产物，产率分别为 8%、5%、3% 和 12%
10	Song 等	对硝基甲苯（PNT）	PNT 的降解遵循准一级动力学，降解产物在降解过程中进行了监测；pH 值为 10.0 时降解效率最大，随着 PNT 初始浓度的降低，降解速率增加；在反应 90min 后，US、O_3 和 US 与 O_3 的组合分别对总有机碳（TOC）的还原率为 8%、6% 和 85%，证明臭氧与超声结合去除 TOC 比单独臭氧或单独超声辐照更有效

5.3　水力空化与高级氧化技术协同降解有机污染物

5.3.1　水力空化强化臭氧技术降解典型污染物的研究

臭氧（O_3）是一种由三个氧原子组成的简单化合物，常温常压下是一种有特殊臭味的淡蓝色气体，与 H_2O_2、Fenton 试剂等氧化剂相比，它具有较高的氧化电位，可以降解有机污染物。由于 O_3 更容易产生高活性自由基，因此可以很容易地与其他 AOPs 结合，从而有效地去除水中的污染物。同样，因为水力空化能够产生高温高压的极端条件，可以与 O_3 一起使用，以提高降解效率。在空化效应下，O_3 很容易分解，生成 O_2 分子和 O（3P），它们在与水分子反应时能形成·OH。

5.3.1.1　水力空化强化臭氧技术降解刚果红的研究

印染废水的传统处理方法有光催化处理技术、水力空化处理技术、臭氧氧化法等高级氧化技术。水力空化降解污染物质主要有两个渠道。第一种是通过水力空化产生的物理效应。水力空化会产生高温高压等极端条件，这些极端条件直接作用于污染物分子可以破坏污染物分子的共价键，导致污染物分子的裂解，将其分解成小分子。第二种是空化泡坍塌时产生的极端条件也会使水分子发生链式反应，形成具有强氧化性的活性自由基。这些具有强氧化性的自由基可以氧化水中的大分子污染物，达到降解污染物的作用。

（1）刚果红浓度测量方法

分光光度法是通过测定被测物质在特定波长处或一定波长范围内光的吸收度，对该物质进行定性和定量分析的方法。它具有灵敏度高、操作简便、快速等优点，是生物化学实验中最常用的实验方法。通过吸光度来计算刚果红的降解率，得到刚果红最大吸收波长处的吸光度 A。染料浓度由吸光度依据标准曲线方程进行换算。

（2）刚果红标准曲线绘制

按照实验要求，配置不同浓度的刚果红染料溶液，分别为 0mg/L、10mg/L、20mg/L、40mg/L、60mg/L、80mg/L、100mg/L，去离子水作为参比溶液，在 190～800nm 波长范围内对刚果红溶液进行扫描。

根据测得的染料吸收光谱图，确定 498nm 为该染料的最大吸收波长。根据浓度分别为 0mg/L、10mg/L、20mg/L、40mg/L、60mg/L、80mg/L、100mg/L 的刚果红染料溶液在 498nm 处的最大吸收波长绘制刚果红标准曲线。标准曲线如图 5-3 所示。

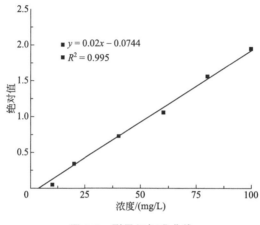

图 5-3　刚果红标准曲线

（3）臭氧通入浓度对刚果红降解率的影响

本章使用臭氧发生器，在自建臭氧氧化体系中研究了当臭氧通入浓度分别为 200mg/h，300mg/h，400mg/h 时刚果红的降解率变化。实验结果如图 5-4 所示，随着处理时间的延长，刚果红的降解率也随之增加。当处理时间达到 150min 时，臭氧通入量为 200mg/h 刚果红的降解率为 11.4%；臭氧通入量为 300mg/h 刚果红的降解率为 13.54%；臭氧通入量为 400mg/h 刚果红的降解率为 16.2%。臭氧以氧分子的形式直接与有机物反应具有较强的选择性。刚果红结构中含有多苯环结构，臭氧可与刚果红的芳香体系发生亲电取代反应。同时，臭氧分子可以产生羟基自由基，这些羟基自由基可以与刚果红发生反应。由于臭氧具有传质性能较差、臭氧氧化效率受到限制、运行成本较高等缺点，因此单独使用臭氧氧化法无法高效经济地处理污染物。

（4）水力空化对臭氧氧化法降解水中刚果红的强化作用

为了探究水力空化强化臭氧氧化法后对刚果红降解率的变化，在入口压力为 3bar，温度为（40±2）℃，初始浓度为 20mg/L，pH=6，臭氧流量为 400mg/h 的条件下进行了实验研究。实验结果如图 5-5 所示，水力空化及臭氧氧化法联合后，刚果红的降解率达到了 32%，高于单独使用水力空化和臭氧降解刚果红的 16.7% 和 16.2%。这可能是由于与单独水力空化及臭氧氧化相比，联合技术可以产生更多的活性自由基。

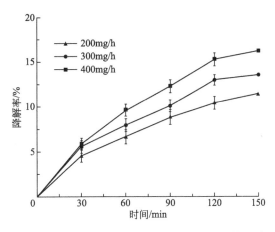

图 5-4　不同臭氧投加量对刚果红的降解率的影响

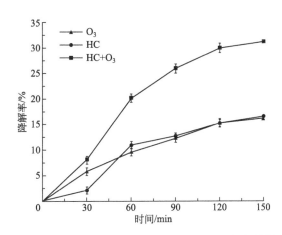

图 5-5　水力空化强化臭氧氧化法对刚果红降解率的影响

对比水力空化＋臭氧氧化法与实际水力空化与臭氧氧化法联合的刚果红效率，具体数值见表 5-4。

表 5-4　水力空化强化臭氧氧化法刚果红降解率

处理时间/min	HC/%	O_3/%	HC+ O_3（加和）/%	HC+ O_3（实际）/%
0	0	0	0	0
30	2.1	5.78	7.88	8
60	11	9.6	20.6	20.1
90	12.7	12.3	25	25.9
120	15.1	15.3	30.4	29.9
150	16.5	16.2	32.7	31.2

当处理时间达到 150min 时，水力空化与臭氧氧化法实际联合的降解率略低于水力空化与臭氧氧化法单独降解率的加和。计算反应速率常数可以得出水力空化与臭氧氧化

法的协同系数为 1.07。这可能是因为空化过程中气泡与臭氧的相互作用以及空化区域臭氧的有效性较低（由空化引起的局部高温），所以空化与臭氧混合运行基本没有产生协同效应。水力空化强化臭氧氧化法对刚果红降解反应速率动力学图如图 5-6 所示。

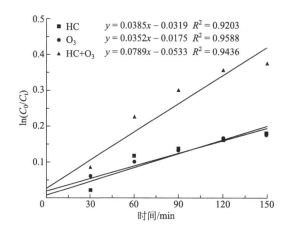

图 5-6 水力空化强化臭氧氧化法对刚果红降解反应速率动力学图

本小节主要研究了不同臭氧通入浓度对刚果红降解率的影响。当臭氧的通入量为 400mg/h 时，刚果红的降解率为 16.2%。当参数优化后的水力空化技术与臭氧氧化法进行联合后，刚果红的降解率在处理时间 150min 时达到了 32%。远高于单独使用水力空化时的 16.7% 和单独使用臭氧氧化法的 16.2%。

5.3.1.2 水力空化强化臭氧技术降解典型污染物的应用

本小节展示了近十几年来水力空化强化臭氧技术降解有机污染物的相关应用案例，见表 5-5。

表 5-5 水力空化强化臭氧技术降解典型污染物的应用

序号	研究人员	目标污染物	实验结论
1	Gore 等	活性橙 4 染料溶液	O_3 的最佳进料速率为 3g/h，此时联合技术对活性橙 4 的降解效果最好，为 76.25%；单独使用水力空化时，降解率为 14.67%；联合技术的使用对活性橙 4 染料溶液的降解效果比单独使用水力空化提高 5 倍
2	Gogate 等	三唑磷农药	实验分别在两个不同的位置（孔板收缩处和水槽处）将 O_3 注入系统，随着注入浓度的增加，三唑磷的降解率均有所提高；组合效应对三唑磷的降解效率是单独使用水力空化的 2.5 倍，是单独使用 O_3 的 1.2 倍。说明两种方法具有协同作用
3	翟磊等	油田污水	分别对水力空化和臭氧各自单独降解与两者联合降解水样 COD 的效果作了对比分析。表明，孔板入口压力为 0.19MPa、系统的进气量在 70L/h 时，COD 的去除率相对较高；水力空化与臭氧联合降解的效果明显优于两者单独降解的效果；同时说明水力空化与臭氧在降解 COD 过程中存在互相强化的关系

序号	研究人员	目标污染物	实验结论
4	王子荣等	医疗污泥	研究结果表明微碱（pH<11）、臭氧氧化、水力空化三者联合处理污泥可实现较好的破壁效果，发挥了很好的协同作用，通过后续的破壁污泥回流可有效减少污泥产量，实现污泥的减量化
5	武志林等	叶绿素	采用复合工艺下出水中叶绿素 a 平均去除率分别达 44.5% 和 88.9%，单位能耗分别为 0.89(kW·h)/m³ 和 1.78(kW·h)/m³；浊度、UV$_{254}$ 及 COD 等指标均明显下降，其他各项经济技术指标也均显著优于单独臭氧氧化工艺
6	朱文明等	细菌	最佳臭氧注入流量为 0.04m³/h；在入口压力一定的条件下，多孔板的孔径越小则消毒效果越好，而当总孔周长与总过流面积之比一定时，过流面积比越大则消毒效果最佳；当 pH 值为 4～10 时，提高 pH 值有利于改善灭菌效果；单独水力空化、臭氧氧化以及它们的联合工艺对细菌的杀灭均遵循表观一级动力学模型
7	刘忠明等	造纸漂白废水	臭氧协同水力空化处理有效降低漂白废水的 COD 和 BOD，其去除率分别为 78.5% 和 67.7%；改善漂白废水的生化降解性能，B/C 值提高 50.0%
8	Boczkaj 等	沥青废水	最优的处理工艺为水力空化辅助臭氧（40% COD 还原和 50% BOD 还原）；其他工艺（水力空化+H$_2$O$_2$、水力空化+过氧酮和单独水力空化）COD 分别降低 20%、25% 和 13%，BOD 分别降低 49%、32% 和 18%；大部分 VOCs 被有效降解

5.3.2 水力空化强化芬顿技术降解典型污染物的研究

芬顿（Fenton）法具有操作过程简单、运行成本低廉、对环境友好等特点，容易与水力空化结合。芬顿法是在酸性条件下，将 Fe^{2+} 作为催化剂，通过链式反应催化 H_2O_2 分解产生有强氧化能力的 ·OH，并产生更多的其他活性氧来降解有机污染物。其具体机理如下：

$$Fe^{2+} + H_2O_2 \longrightarrow Fe^{3+} + \cdot OH + OH^- \tag{5-17}$$

$$RH + \cdot OH \longrightarrow R \cdot + H_2O \tag{5-18}$$

$$R \cdot + Fe^{3+} \longrightarrow Fe^{2+} + 产物 \tag{5-19}$$

$$H_2O_2 + \cdot OH \longrightarrow HO_2 \cdot + H_2O \tag{5-20}$$

$$Fe^{2+} + \cdot OH \longrightarrow Fe^{3+} + OH^- \tag{5-21}$$

$$Fe^{3+} + H_2O_2 \longrightarrow [FeOOH]^{2+} + H^+ \tag{5-22}$$

$$[FeOOH]^{2+} \longrightarrow Fe^{2+} + HO_2 \cdot \tag{5-23}$$

$$Fe^{3+} + HO_2 \cdot \longrightarrow Fe^{2+} + O_2 + H^+ \tag{5-24}$$

近年来，关于水力空化的研究已取得了一定的研究成果，水力空化技术主要应用方向为降解水中有机污染物、杀菌消毒。本节探讨了水力空化-Fenton 技术对水中典型污染物降解的研究与应用。

5.3.2.1 水力空化强化芬顿技术降解四环素的研究

四环素类抗生素一直在通过多种渠道进入环境水体和土壤中，对人类健康和生态环境造成潜在危害。处理四环素类抗生素废水的常用方法主要有：物理法，包括吸附法、气浮法和膜技术法；化学法主要是高级氧化法，主要有臭氧氧化法、Fenton 氧化法、电化学技术和光催化氧化技术。Fenton 氧化法主要是在酸性条件下利用 Fe^{2+} 催化 H_2O_2 分解产生·OH 处理废水的方法，常联合紫外光辐射即光-Fenton 氧化来提高降解效率。Fenton 氧化法设备简单，降解效果好，但是需投加 Fenton 试剂，试剂成本较高，难以大规模地处理废水。本小节探讨了水力空化-Fenton 对水中四环素类抗生素的降解效果。

（1）四环素（TCH）的分析方法

为了分析的 TCH 的水力空化降解规律，配制了浓度为 10mg/L 的 TCH 溶液，利用紫外可见分光光度计（UV-vis spectro photometer，Cary50，美国瓦里安公司，USA）对 TCH 溶液进行扫描，结果如图 5-7 所示。在 300～500nm 波长范围内，TCH 溶液在 357nm 处有吸收峰出现，并且四环素在 357nm 处的吸光度响应较好且干扰较小，因此选取 357nm 作为测定 TCH 浓度的特征峰波长。

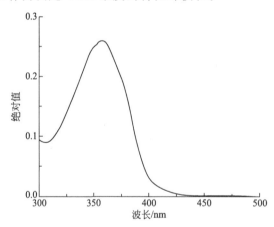

图 5-7　TCH 溶液的紫外扫描图谱

（2）TCH 溶液标准曲线的测定

四环素的吸光度和它的浓度呈线性关系，因此可通过测吸光度来得到水溶液中四环素的浓度。本实验中，取 0.05g TCH 溶于去离子水，配置成 1000mL 的 50mg/L TCH 溶液，然后将其稀释至 0mg/L、5mg/L、10mg/L、15mg/L、20mg/L、25mg/L，对不同浓度的 TCH 溶液依次测量其在 357nm 下的吸光度，并据此绘制浓度与吸光度的标准曲线，见图 5-8。曲线方程为 $y = 0.0232x + 0.0089$，$R^2 = 0.9971$。

由标准曲线可得 TCH 浓度与吸光度的关系：

$$C = \frac{A - 0.0089}{0.0232} \tag{5-25}$$

式中　C——四环素浓度；

　　　A——吸光度。

基于紫外可见分光光度计测得的四环素样品的吸光度变化确定四环素降解前后的浓度变化，从而计算四环素的降解率，公式如下：

$$四环素降解率(\%) = (C_0 - C_t)/C_0 \times 100\% \tag{5-26}$$

式中　C_0——四环素的初始浓度，mg/L；

　　　C_t——反应一段时间后四环素的瞬时浓度，mg/L。

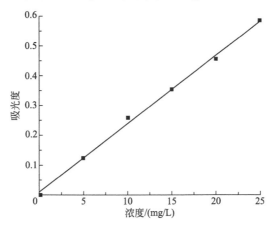

图 5-8　TCH 浓度与吸光度的标准曲线

（3）Fe^{2+} 浓度对 TCH 降解率的影响

以 TCH 溶液作为模拟废水，选取文丘里管作为水力空化发生器处理 TCH 溶液，控制操作条件为已探索出的水力空化降解四环素的最佳操作条件，研究 Fe^{2+} 与 H_2O_2 的不同浓度对水力空化-Fenton 联合技术降解四环素的影响。

对于芬顿体系来说，Fe^{2+} 的存在非常重要，是 H_2O_2 生成·OH 的催化剂，其浓度对降解效果有很大影响。所得实验结果如图 5-9 所示。从图 5-9 中可以看出，加入 Fe^{2+} 后，四环素的降解率明显高于仅加入 H_2O_2 时的降解率，Fe^{2+} 初始浓度增加，四环素的降解率反而降低。未加入 Fe^{2+} 时，150min 时四环素的降解为 68.03%；当 Fe^{2+} 初始浓度为 5.0mg/L、10mg/L、20mg/L 时，处理 150min 后，降解率分别为 95.48%、92.72%、84.62%。结果显示 Fe^{2+} 初始浓度为 5.0mg/L 时，四环素的降解率最高。从盐酸四环素的降解率可以看出，当 H_2O_2 浓度一定时，Fe^{2+} 存在一个最优浓度，再进一步增加 Fe^{2+} 加入量，四环素的降解率反而开始下降。

这可能是因为 Fe^{2+} 大量加入迅速地催化分解 H_2O_2 产生大量高氧化活性的·OH，四环素与自由基的反应相对来说较为缓慢，但是·OH 的寿命短很容易彼此发生淬灭反应生成水，会导致未被消耗的·OH 提前被消耗掉，从而降低降解效率。此外，溶液中过量的 Fe^{2+} 也会与·OH 反应被氧化为 Fe^{3+}，消耗部分·OH，导致·OH 不能充分与盐酸四环素分子反应，消耗·OH 的同时也会增加出水色度。

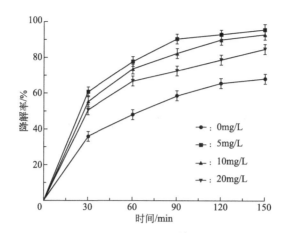

图 5-9 四环素降解率随 Fe^{2+} 浓度的变化

如图 5-10 所示，当 Fe^{2+} 投入量为 20mg/L 时，随着时间的延长，出水样品的色度逐渐加深。因此，为了提高降解效果、降低处理成本，Fe^{2+} 的投加量不能过多。

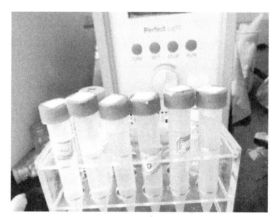

图 5-10 Fe^{2+} 投入量为 20mg/L 时四环素溶液色度随降解时间的变化
（从左至右依次为 0min、30min、60min、90min、120min、150min）

（4）H$_2$O$_2$ 浓度对四环素降解率的影响

过氧化氢是在 Fenton 体系中提供·OH 的载体，显然，它的浓度对四环素的降解效果会有很大的影响。所得实验结果如图 5-11 所示。

由图 5-11 可见，随着 H$_2$O$_2$ 浓度的升高，四环素的降解率呈先增大后减少的趋势。当 H$_2$O$_2$ 浓度为 5.0mg/L、10mg/L、20mg/L 时，处理 150min 后，四环素的降解率分别为 77.71%、95.48%、88.03%。由此可见，当 H$_2$O$_2$ 浓度为 10mg/L 时，水力空化-Fenton 降解四环素的效率最高。这可能是因为，当 Fe^{2+} 的投入量一定时，H$_2$O$_2$ 的投入量过低，受 H$_2$O$_2$ 浓度的限制，·OH 的产率也变低，所以导致盐酸四环素溶液降解率也低。然而，H$_2$O$_2$ 不仅是提供·OH 的载体，也是·OH 的消耗剂，所以当 H$_2$O$_2$ 投入量过高，过量的 H$_2$O$_2$ 会与 Fenton 及水力空化产生的·OH 反应生成 H$_2$O 和·OOH，然后·OOH 进一步与·OH 反应生成 H$_2$O 和 O$_2$，导致溶液中·OH 总量减小，从而降低了四环素溶液的降解效率。因此，在实际处理废水时，H_2O_2 用量并不能无限添加而要根据污染物的性质来选择最优的 H_2O_2 浓度，既保证有机物高的降解率又不浪费 H_2O_2。

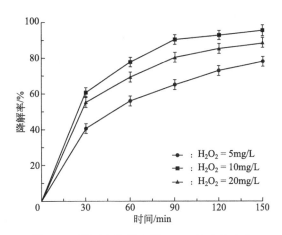

图 5-11　四环素降解率随 H_2O_2 浓度的变化

（5）Fenton 强化水力空化降解四环素动力学分析

不同 Fe^{2+}、H_2O_2 浓度下水力空化-Fenton 联合技术的动力学参数见表 5-6。

表 5-6　不同 Fe^{2+}、H_2O_2 浓度下水力空化-Fenton 联合技术的动力学参数

试剂	浓度/(mg/L)	反应级数	R^2	速率常数 $k \times 10^{-2}/min^{-1}$	半衰期 $T_{1/2}/min$
Fe^{2+}	0	0	0.8503	0.72	96.27
		1	0.9503		
		2	0.9652		
	5	0	0.7770	2.04	33.97
		1	0.9745		
		2	0.9136		
	10	0	0.4310	1.71	40.53
		1	0.9835		
		2	0.9281		
	20	0	0.7809	1.15	60.26
		1	0.9582		
		2	0.9752		
H_2O_2	5	0	0.8527	0.96	72.19
		1	0.9707		
		2	0.9938		
	10	0	0.7431	2.04	33.97
		1	0.9745		
		2	0.9336		
	20	0	0.7647	1.36	50.96
		1	0.9555		
		2	0.9898		

（6）水力空化、 Fenton 和水力空化-Fenton 降解四环素效果对比

不同工艺对四环素溶液的降解效果如图 5-12 所示。由图 5-12 可见，在单一水力空化工艺中，处理 150min 后四环素降解率最大为 77.24%。在 Fenton 工艺中，相同时间下，四环素的降解率为 84.22%。在水力空化-Fenton 工艺中，四环素的降解率在 90min 可达到 90.3%，150min 时可高达 95.48%。可见，Fenton 法对水力空化降解四环素具有明显的协同和强化作用。

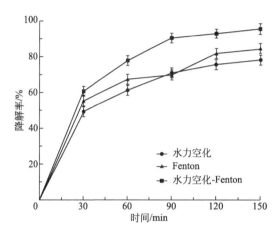

图 5-12 水力空化、Fenton、水力空化-Fenton 对四环素降解率的影响

这可能是因为 Fenton 试剂在体系中反应生成的大量强氧化性的·OH 与水力空化的产生的·OH 一起增强了体系的氧化能力，提高了反应速度也增强了降解效果。而且，水力空化会产生大量空化泡与空泡云，可以增大 Fenton 试剂与四环素分子的反应接触面积，从而提高 Fenton 试剂的有效利用率，促进其反应完全。此外，空化泡溃灭时产生的高温、高压的极端环境与高速冲击波和微射流也增强了 Fenton 试剂与水力空化产生的·OH 与四环素的反应效果。

由（5）可知，水力空化-Fenton 处理四环素的过程符合一级反应动力学，所以分别对单独水力空化法、单独 Fenton 法以及水力空化-Fenton 法降解四环素的过程进行一级反应动力学研究。根据上述实验数据得出这三种不同处理工艺关于四环素的浓度随处理时间变化数据，绘制（$\ln C_0/C_t$）$-t$ 图进行线性拟合，并计算一级反应动力学参数，线性拟合结果如图 5-13 所示，一级反应级数的相关参数如表 5-7 所列。

表 5-7 三种处理工艺的一级反应动力学参数

处理工艺	一级反应动力学方程	R^2	速率常数 $k \times 10^{-2}$/min^{-1}	半衰期 $T_{1/2}$/min
水力空化	$\ln(C_0/C_t) = 0.0098t$	0.9328	0.98	70.73
Fenton	$\ln(C_0/C_t) = 0.0115t$	0.9323	1.15	60.27
水力空化-Fenton	$\ln(C_0/C_t) = 0.0204t$	0.9745	2.04	33.98

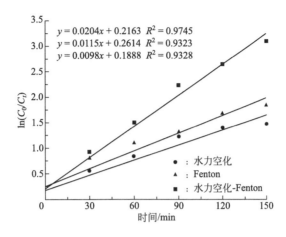

$$y = 0.0204x + 0.2163 \quad R^2 = 0.9745$$
$$y = 0.0115x + 0.2614 \quad R^2 = 0.9323$$
$$y = 0.0098x + 0.1888 \quad R^2 = 0.9328$$

图 5-13　三种处理工艺的（$\ln C_0 / C_t$）—t 关系图

可以看出，这三种处理工艺反应动力学曲线线性度 R^2 均大于 0.90，说明三种处理方法都具有一级反应动力学规律。水力空化-Fenton 联合技术降解四环素反应，没有因为 Fenton 试剂的添加而改变四环素溶液的动力学反应，仍然符合一级反应动力学。

5.3.2.2　水力空化强化芬顿技术降解典型污染物的应用

本小节展示了近十几年来水力空化强化芬顿技术降解有机污染物的相关应用案例，见表 5-8。

表 5-8　水力空化强化芬顿技术降解典型污染物的应用

序号	研究人员	目标污染物	实验结论
1	卢贵玲等	双酚 A（BPA）	当入口压力为 0.3MPa、溶液 pH 值为 3、Fe^{2+} 的质量浓度为 1.65mg/L 及 H_2O_2 的质量浓度为 8.0mg/L 时，HC-Fenton 对 BPA 去除率为 61.61%；反应速率常数为 $9.49 \times 10^{-3} min^{-1}$，且降解反应属于一级动力学反应
2	Chakinala 等	工业废水	更高的压力、更高的负荷下连续添加过氧化氢有利于污染物的快速矿化；水力空化与芬顿的组合工艺在最优条件下，TOC 去除率可达 60%~80%，具体取决于工业废水样品的类型
3	苏洁	橙黄 G（OG）	芬顿法联合水力空化可以显著提高 OG 的脱色率；酸性条件更有利于脱色反应进行；零价铁（ZVI）的固定位置对脱色率也有重要影响，固定于筛板附近更有利于 OG 脱色；在双氧水浓度一定的情况下，提高 ZVI 浓度可增大 OG 的脱色率，ZVI 的最佳浓度为 0.7g/L
4	杨思静等	甲基橙	随着入口压力由 0.2MPa 增至 0.6MPa，甲基橙的脱色率先增加后降低，在 0.4MPa 时达到最大。pH 值由 7 降低至 3 时，甲基橙脱色率上升，随着 pH 值继续降低至 2 脱色率反而下降，最佳 pH 值为 3。孔板排布方式不同，空化效果不同，空化效果由高到低依次为：均分布＞环状分布＞辐射分布。Fenton 法与水力空化法结合较单一方法而言，提高了能量利用率

续表

序号	研究人员	目标污染物	实验结论
5	李改锋等	苯酚	当加入 H_2O_2 浓度为 120mg/L、Fe^{2+} 的浓度为 30mg/L，空化 120min，组合工艺降解率可达 96.62%，较单独使用水力空化时降解率提高了 40.88%，较单独使用 Fenton 时降解率提高了 55.65%；动力学研究表明，苯酚降解近似为一级反应，其强化因子 f 为 2.46
6	徐世贵等	煤气化废水	在反应时间 60min、废水 pH 值 3.0、Fe^{2+} 加入量 900mg/L、H_2O_2 加入量 3600mg/L、空化压力 0.4MPa 的条件下，水力空化-Fenton 处理煤气化含酚废水的 COD 和苯酚去除率分别为 93.05% 和 90.29%
7	陈锐杰等	苯酚废水	采用 HC-Fenton 氧化处理苯酚溶液，苯酚和 COD_{Cr} 的降解率为 84.54% 和 88.13%；减少的 $FeSO_4 \cdot 7H_2O$ 用量，加入相同摩尔比的纳米铁粉，苯酚和 COD_{Cr} 的降解率分别达到 98.67% 和 99.34%；苯酚的降解过程符合一级反应，HC-Fenton 的增强因子为 1.78，HC-Fenton-Fe 增强因子为 2.29，可认为 HC 对于芬顿技术的提高具有显著影响
8	Chakinala 等	苯酚	考察了过氧化氢用量和铁催化剂负载对改性甲胎蛋白氧化性能的影响，随着过氧化氢浓度的增加，TOC 的去除率增加，组合工艺下苯酚的最佳降解率为 60%
9	Angaji 等	二甲基肼 (UDMH)	在 pH 值为 3、UDMH 初始浓度为 10mg/L 时，气穴产率最高，入口压力的增加会导致偏 UDMH 降解率增加；确定了 3bar 的最佳下游压力值，在 120min 的处理时间后，组合工艺下 UDMH 的降解率为 98.6%；甲酸、乙酸以及硝基甲烷被鉴定为氧化副产物；水力空化结合 Fenton 化学可以有效地用于降解 UDMH
10	Gogate 等	三唑磷	研究了入口压力（1～8bar）和初始 pH 值（2.5～8）等不同操作参数，不同负载条件下 Fenton 试剂的加入对降解程度的影响；采用液槽内注入臭氧和孔内注入臭氧两种方式（流量分别为 0.576g/h 和 1.95g/h），研究了水力空化与臭氧的组合方法，在优化的操作参数下，单独水力空化对三唑磷的降解率约为 50%；水力空化和 Fenton 试剂组合可使三唑磷降解约 80%

5.3.3 水力空化强化光催化技术降解典型污染物的研究

5.3.3.1 水力空化强化光催化技术降解罗丹明 B 的研究

在本小节中，使用 Fe 掺杂 TiO_2 作为催化剂，结合水力空化（HC）技术，以罗丹明 B（RhB）染料为模型污染物进行降解。设计并考察了不同的水力空化文丘里管的几何参数：文丘里管喉部大小、喉部形状和文丘里管喉部后部半发散角的大小，以获得最强的水力空化的效果。制备的 TiO_2 和 Fe^{3+}-掺杂 TiO_2 的晶型、形态、结构、化学组成和吸光范围，通过使用 X 射线衍射仪（XRD）、扫描/透射电子显微镜（SEM/

TEM)、X 射线光电子能谱（XPS）、紫外可见漫反射光谱（UV-vis DRS）和光致发光光谱（PL）进行表征。考察并讨论了不同的催化剂 TiO_2（不同的热处理温度和时间）和 Fe^{3+}-掺杂 TiO_2（不同的 Fe/Ti 的摩尔比）对水力空化催化降解 RhB 的影响。使用 BBD 设计和响应面分析法（RSM）探讨了水力空化的操作参数对降解 RhB 的影响，其中包括入口压力、初始 RhB 浓度和操作温度。使用紫外（UV）-可见（vis）光谱仪可以测定水力空化催化降解 RhB 的降解率。最后，提出了 Fe^{3+}-掺杂 TiO_2 存在下的水力空化催化反应机理。

（1）　TiO_2 和 Fe^{3+}-掺杂 TiO_2 催化剂的表征和分析

为了对制备所得的催化剂有更为深入和全面的研究，本小节对制备所得 TiO_2 和 Fe^{3+}-掺杂 TiO_2 催化剂进行了 XRD、SEM、TEM、XPS、DRS 和 PL 等多项测试，确定了催化剂的主要成分、催化剂颗粒的物理形态、元素组成等性质，具体分析总结如下。

1）TiO_2 和 Fe^{3+}-掺杂 TiO_2 的 X 射线衍射（XRD）分析

X 射线衍射（XRD）主要用于确定半导体催化剂的晶体结构，其中不同的晶体结构导致 X 射线衍射方向不同。测量不同方向衍射光线的位置和强度，可以生成电子密度图，通过图像可以确定晶体中原子的平均位置、化学键和其他信息。图 5-14 和图 5-15 显示了制备的 TiO_2 和不同 Fe/Ti 摩尔比的 Fe^{3+}-掺杂 TiO_2 样品的 XRD 图。图 5-14 显示在不同处理温度和时间下制备的 TiO_2 的 XRD 图谱。如图 5-14 所示，当处理时间为 3.0h 时，处理温度为 400℃ 时，在 $2\theta = 25.27°$、$37.64°$、$48.15°$、$54.23°$、$55.17°$、$62.79°$ 和 $69.12°$ 等处出现的衍射峰，与锐钛矿型纳米 TiO_2 标准卡片 JCPDS（♯21-1276）的峰位完全吻合，这些峰分别对应于锐钛矿相 TiO_2 的（101）、（004）、（200）、（105）、（211）、（204）和（116）等晶面。当煅烧温度为 550℃ 时，从图 5-15 可以看出，特征衍射峰的位置没有发生明显的变化，只是峰高略有上升。最后，当温度升高到 700℃ 时，出现部分金红石相的峰。此外，当温度为 550℃，处理时间分别为 1.0h、3.0h 和 5.0h 时水力空化强化光催化对罗丹明 B 降解率的研究中，峰的位置没有发生变化，只是峰的高低有变化。由此可以证明，在高温下 TiO_2 由锐钛矿相转变为金红石相。

图 5-14 显示了制备的不同 Fe/Ti 摩尔比的 Fe^{3+}-掺杂 TiO_2 的 XRD 图，由图可以看出，其多由锐钛矿相组成。即使在最高掺杂浓度下，也不能观察到含有铁（氧化铁或氢氧化铁）的晶体相，并且峰位置没有发生任何变化。随着掺杂剂浓度的增加，锐钛矿尖峰强度降低。这表明掺杂物会抑制 TiO_2 晶体的生长。

2）TiO_2 和 Fe^{3+}-掺杂 TiO_2 的扫描电子显微镜（SEM）和透射电子显微镜（TEM）分析

扫描电子显微镜（SEM）常用于观察样品的微观形貌特征，可以对样品表面进行

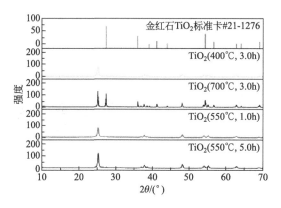

图 5-14　TiO$_2$（400℃和 700℃，3.0h 热处理以及 550℃，1.0h 和 5.0h）的 XRD 图

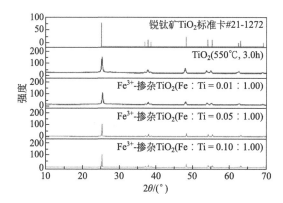

图 5-15　Fe^{3+}-掺杂 TiO$_2$（550℃，3.0h 热处理，Fe/Ti 的摩尔比为
0.00∶1.00，0.01∶1.00，0.05∶1.00 和 0.10∶1.00）的 XRD 图

直接的微观观测，具有放大倍数较高、大景深、大视野、成像富有立体感等优点，通过 SEM 可以直接观察样品表面的细微结构。图 5-16（a）和图 5-16（b）分别为制备的纯品 TiO$_2$ 和 Fe^{3+}-掺杂 TiO$_2$ 的 SEM 图像，从图中可以观察到不同催化剂的表面形状差异。如图 5-16（a）所示，纯 TiO$_2$ 的形貌为单个球形颗粒，半径在 600～800nm 左右，显现出大小相差不多、粒径均匀的特点。从图 5-16（b）中可以发现，Fe^{3+}-掺杂 TiO$_2$ 的形貌仍然为单个球形颗粒，但是半径减小很多，约为 200～300nm。这说明在掺杂后，Fe^{3+} 进入到 Ti^{4+} 的晶格中，使得 TiO$_2$ 的晶形生长受到抑制，粒径大幅度减小。

图 5-16（c）和图 5-16（d）给出纯品 TiO$_2$ 和 Fe^{3+}-掺杂 TiO$_2$（Fe 和 Ti 的摩尔比为 0.15∶1.00）的透射电子显微镜（TEM）图像。在图 5-16（c）中，可以观察到纯 TiO$_2$ 的平均尺寸分别为约 100～400nm。与 SEM 图像尺寸略有出入，可能是因为 SEM 测试时发生了团聚。此外，在图 5-16（d）中可以发现许多清晰的晶格条纹。通过计算，发现 TiO$_2$ 的晶格空间为 0.352nm、0.242nm 和 0.191nm 可归属于 TiO$_2$ 的（101）、（004）和（200）面，可以确定为锐钛矿型的 TiO$_2$。

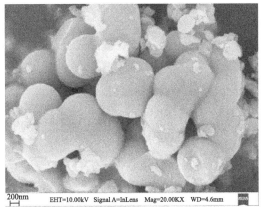

(a) TiO₂ SEM图

(b) Fe³⁺-掺杂TiO₂ SEM图

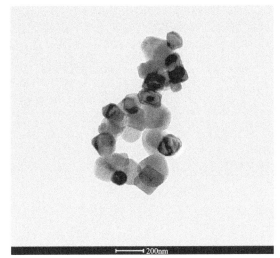

(c) 200nm放大倍数的Fe³⁺-掺杂TiO₂的TEM图

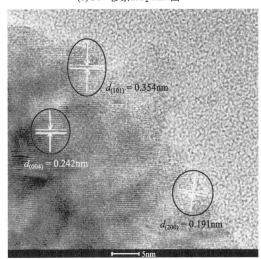

(d) 5nm放大倍数的Fe³⁺-掺杂TiO₂的TEM图

图 5-16 TiO₂ 和 Fe³⁺-掺杂 TiO₂（550℃，3.0h 热处理，Fe/Ti 的摩尔比为 0.10∶1.00）的 SEM 图以及不同放大倍数的 Fe³⁺-掺杂 TiO₂ 的 TEM 图

3）Fe³⁺-掺杂 TiO₂ 的 X 射线光电子能谱（XPS）分析

为了确认制备的 Fe³⁺-掺杂 TiO₂（Fe∶Ti＝0.1∶0.10）的组成元素和化学键的相关情况，在 0～1400eV 的范围内测定 X 射线光电子能谱（XPS）。经过查阅文献可知，图 5-17（a）中的完全扫描光谱中三个强峰分别出现在 528.15eV、709.25eV 和 456.90eV，应该属于 O（1s）、Fe（2p）和 Ti（2p）。在图 5-17（b）中，在 528.15eV 处的 O（1s）的峰值对应于来自 TiO₂ 的晶格氧（O²⁻）。从图 5-17（c）中可以发现，Fe（2p₃/₂）的结合能为 710.10eV，Fe（2p₁/₂）的结合能为 723.35eV，这两个峰归因于 Fe₂O₃ 相。这清楚地表明了 Fe³⁺ 掺入到 TiO₂ 晶格中，成功地在样品中形成 Fe—O—Ti 键。在图 5-17（d）中，Ti（2p）的信号被分成两个峰，分别为 Ti（2p₁/₂）和 Ti（2p₃/₂），分别位于 462.60eV 和 456.90eV。这两个峰之间的距离为 5.7eV，表明 Ti⁴⁺ 存在，这与相关文献的报道也是一致的。

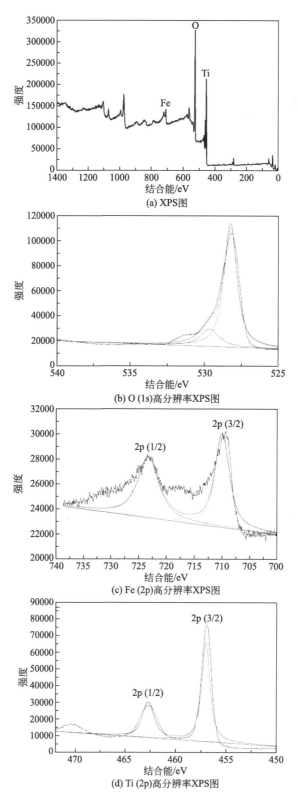

图 5-17 Fe^{3+}-掺杂 TiO$_2$（550℃，3.0h 热处理，Fe/Ti 的摩尔比为 0.10∶1.00）的
XPS 图以及 O（1s）、Fe（2p）和 Ti（2p）的高分辨率 XPS 图

4）TiO_2 和 Fe^{3+}-掺杂 TiO_2 的紫外-可见漫反射光谱（DRS）分析

图 5-18 显示制备的纯品 TiO_2 和不同 Fe/Ti 摩尔比的 Fe^{3+}-掺杂 TiO_2 样品的紫外-可见漫反射光谱（DRS）及计算的带宽。如图 5-18（a）所示，纯品 TiO_2 在近紫外区域有强吸收，并且吸收边缘出现在约 370nm 处。随着 Fe 的掺杂浓度的升高，Fe^{3+}-掺杂 TiO_2 催化剂的吸收波长范围可扩展至约 410nm 处的可见光区域，表明制备样品逐渐发生红移，提高了光能的利用率，增强了催化活性。

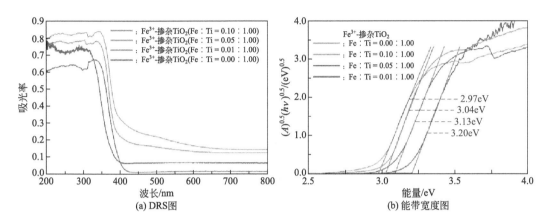

图 5-18　TiO_2 和不同 Fe/Ti 摩尔比的 Fe^{3+}-掺杂 TiO_2（550℃，3.0h 热处理）的 DRS 图和相应的能带宽度（E_{bg}）图

所有样品的能带隙（E_g）由以下公式估计：

$$\alpha h\nu = A(h\nu - E_{bg})^{1/2}$$

式中　α，h，ν，E_{bg}——吸收系数，普朗克常数，光频率，带隙。

如图 5-18（b）所示，与纯品 TiO_2 的光谱相比，不同 Fe/Ti 摩尔比的 Fe^{3+}-掺杂 TiO_2 催化剂发生了红移。红移的范围取决于 Fe^{3+} 的掺杂量。Fe∶Ti＝0.00∶1.00、0.01∶1.00、0.05∶1.00、0.10∶1.00 计算出的带隙（E_g）分别为 3.20eV、3.13eV、3.04eV 和 2.97eV。根据以上实验结果，随着 Fe^{3+} 掺杂量的增加可用光的利用率逐渐增大。

5）TiO_2 和 Fe^{3+}-掺杂 TiO_2 的光致发光谱（PL）分析

光致发光谱（PL）测量用于检测电子-空穴的捕获和转移效率，以及半导体中电子-空穴对的存活时间。制备的纯品 TiO_2 和不同 Fe/Ti 摩尔比的 Fe^{3+}-掺杂 TiO_2 样品 PL 发射光谱如图 5-19 所示。样品显示在 350nm 和 500nm 之间的宽发射带，峰的强度越弱，表明 TiO_2 内掺杂的 Fe^{3+} 可以分别有效地在 TiO_2 的导带和价带上捕获电子和空穴，从而抑制产生的电子和空穴的复合概率。这意味着 Fe^{3+}-掺杂 TiO_2 比纯品 TiO_2 颗粒具有更高的催化活性。特别是在 Fe∶Ti＝0.05∶1.00 时，样品具有最强的 PL 强度，意味着最高的催化活性。

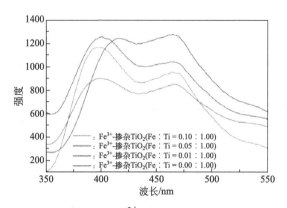

图 5-19　TiO$_2$ 和不同 Fe/Ti 摩尔比的 Fe^{3+}-掺杂 TiO$_2$（550℃，3.0h 热处理）的 PL 图

（2）文丘里管的几何参数对水力空化降解 RhB 的影响实验

1）文丘里管喉部大小和形状对水力空化降解 RhB 的影响实验

文丘里管的喉部是水力空化发生器的核心部分。在水力空化发生的过程中，当流体通过喉部截流区域时能够被压缩，并且在通过喉部后加速流过。因此，具有不同喉部尺寸的文丘里管对水力空化效应有显著影响。本部分对文丘里管喉部大小和形状对水力空化降解 RhB 的影响进行了研究。对于三个喉部形状为圆形的文丘里管（RS-1、RS-2 和 RS-3），喉部半径（R）分别为 0.50mm、1.00mm 和 2.00mm，其相应的截面面积（S）分别为 0.79mm^2、3.14mm^2 和 12.56mm^2。对于喉部形状为正方形的文丘里管（LS），边长（L）为 1.77mm，其相应的截面积（S）是 3.14mm^2。全部实验系统的参数为：入口压力为 3.0bar，RhB 的初始浓度为 10mg/L，反应温度 40℃以及反应总容量为 5.0L。

空化数（C_v）是一个无量纲参数，用来评估空腔的产生量，并且可以衡量水力空化效应的强度。在理想的条件下，空化数的值通常是小于 1.0 的。C_v 值的减少表明所述液体速率的增加和空腔产生量的增加。但是，C_v 的值较低时也预示着阻塞空化或超空化的发生，造成水力空化强度降低。

在图 5-20（a）的四个水力空化降解系统中，RhB 的降解率都随着循环时间的延长而增加，但其上升的趋势是不同的。在 150min 连续的循环之后，这四个水力空化系统（RS-1、RS-2、RS-3 和 LS）中，RhB 的降解率分别是 32.94％、46.33％、22.48％和 58.32％。显然，在方形文丘里管（LS）系统中，RhB 的降解率最高，这表明使用方形文丘里管可以带来最强的水力空化效应。对于三个圆形文丘里管，RS-2 系统表现出最强的水力空化效应，上述结果与一些文献报道的模拟地预测值相一致。对于具有小的喉部半径（$R=0.50$mm）的文丘里管 RS-1 系统，通过喉部的液体的平均流速是比较快的，可以到达 82.8m/s，这使得大量空腔产生，并可以得到一个非常低的 C_v 值（0.03）。虽然，在此过程中会产生大量的空腔，但他们在巨大的喷射力下，迅速地离开了空化区，这些空腔很难在很短的时间内，成长为真正的空化泡。因此，在 RS-1 系统

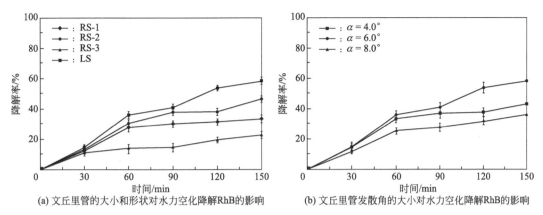

(a) 文丘里管的大小和形状对水力空化降解RhB的影响　　(b) 文丘里管发散角的大小对水力空化降解RhB的影响

图 5-20　文丘里管的大小和形状对水力空化降解 RhB 的影响和文丘里管发散角的大小对水力空化降解 RhB 的影响（入口压力为 3.0bar，RhB 初始浓度为 10mg/L，反应温度 40℃，总容量 5.0L)

中，水力空化效应强度较低。在喉部半径（$R=2.00$mm）的文丘里管 RS-3 系统，通过喉部的流速下降到 14.5m/s。虽然空腔可以在一个相对长的时间内保持在空化区，但是这种缓慢的流速不能提供足够的能量，几乎不能使空腔生长为空化泡。因此，RS-3 系统给出的 C_v 值较高（0.93）。以上结果表明，RS-1 和 RS-3 的水力空化效应都较弱。然而，在喉部半径 $R=1.00$mm 的文丘里管 RS-2 系统中，其流速为 36.3m/s，并计算得出理想的空化数 C_v（0.15）。在此流速下，能够产生大量的空腔，并在相对足够的时间内，成长为真正成熟的空化泡，以此产生足够强的水力空化效应，进而可以得到最高的 RhB 的降解率。

综合上述结果分析，喉部形状为圆形的文丘里管，其流速随着周长的增加而变慢。但是，水力空化效应的强度随着周长的增加，是先增加后下降的。因此，在喉部形状为圆形的文丘里管中，仅只有在适当的周长值时，可以产生最强的水力空化效应。对于喉部形状为正方形文丘里管，其周长是 7.08mm 的 LS 系统，其流速是 44.1m/s 并且空化数 C_v 为 0.10。显然，在一个适当的流速下，可以产生更多稳定的空化泡，以获得较强的水力空化效应。此外，LS 和 RS-2 系统的文丘里管具有相同的喉部面积，但 LS 系统的周长（7.08mm）稍大于 RS-2 系统的相应值（6.28mm）。通常，具有较高喉部周边的文丘里管可提供较大的、适于空腔产生的剪切层面积。因此，在更高周长的文丘里管中，可以产生更高数量的空腔，以此能够产生高幅度的空化泡的坍塌，进而得到较大强度的空化效应。其结果是，在 LS 系统中的 C_v（0.10）小于 RS-2 系统（0.15）。对于不同系统的文丘里管，其流动速度和 C_v 如表 5-9 所示。

表 5-9　实验中文丘里管的参数

型号	喉部形状	喉部半径或边长/mm	面积/mm²	周长/mm	半发散角/(°)	速率/(m/s)	空化数/C_v
RS-1	圆形	$R=0.5$	0.785	3.14	6	82.87	0.03
RS-2	圆形	$R=1.0$	3.14	6.28	6	36.3	0.15

型号	喉部形状	喉部半径或边长/mm	面积/mm²	周长/mm	半发散角/（°）	速率/（m/s）	空化数/C_v
RS-3	圆形	$R=2.0$	12.56	12.56	6	14.5	0.93
LS（α-2）	方形	$L=1.77$	3.14	7.08	6	44.1	0.10
α-1	方形	$L=1.77$	3.14	7.08	4	51.3	0.07
α-3	方形	$L=1.77$	3.14	7.08	8	40.7	0.12

2）文丘里管喉部半发散角对水力空化降解 RhB 的影响实验

方形文丘里管的半发散角（α）也会极大地影响空化泡腔体的寿命和溃灭压力的产生。因此，本部分研究了文丘里管半发散角对 RhB 降解的影响。对于三种文丘里管（α-1、α-2 和 α-3），它们的半发散角分别为 4.0°、6.0°和 8.0°。全部实验系统的参数为：入口压力为 3.0bar，RhB 的初始浓度为 10mg/L，反应温度 40℃以及反应总容量为 5.0L。在图 5-20（b）中，对于这三个水力空化系统，随着循环时间的延长，RhB 的降解率都呈现出增加的趋势。在这 3 个系统中（α-1、α-2 和 α-3），连续循环 150min 后，RhB 的降解率分别为 42.91％、58.32％和 36.35％。其中，在 α-2 系统中 RhB 的降解率最高，说明发散半角为 6.0°的文丘里管可以产生最强的水力空化效应。α-1 文丘里管有一个小的扩张段，导致过快的流速（51.3m/s）和较小的空化数 C_v 值（0.07）。在巨大的冲击射流作用下，空腔形成之前就被推出了空化区。相反，α-3 文丘里管的流速为 40.7m/s，空化数 C_v 为 0.12。显然，虽然喉部产生了大量的空腔，但由于发散角较大，导致扩张段压力迅速恢复，引起空化泡早衰。上述结果表明，α-1 和 α-3 文丘里管都具有较弱的水力空化效应。α-2 文丘里管的流速为 44.1m/s，空化数 C_v 为 0.10。对于发散角为 α-2 的文丘里管，可以得到适当的发散截面尺寸。在这种情况下，文丘里管内的压力平稳恢复，空腔在破裂前可以发展成真正的空化泡，并产生强烈的水力空化效应。因此，在发散角为 α-2（6.0°）的文丘里管可实现最强水力空化效果。

（3）催化剂种类和溶液 pH 值对水力空化催化降解罗丹明 B（RhB）的影响

1）催化剂的种类对水力空化催化降解罗丹明 B（RhB）的影响

催化剂的种类对于水力空化催化降解 RhB 的影响在本部分讨论。全部实验系统的参数为：入口压力为 3.0bar，RhB 的初始浓度为 10mg/L，反应温度 40℃，催化剂 TiO_2 和 Fe^{3+}-掺杂 TiO_2 的量为 0.50g/L 以及反应总容量为 5.0L。在图 5-21（a）的所有系统中，RhB 的降解率都随着循环时间延长而逐渐增加。首先，对于单独水力空化系统，循环时间在 90min 和 150min 时，RhB 的降解率分别为 40.73％和 58.32％。这表明，单独的水力空化技术对 RhB 有一定的降解能力。然而，在不同处理温度及不同处理时间的 TiO_2 颗粒的存在下，RhB 的降解率较单独的水力空化处理 RhB 时的降解率低，表明添加这些 TiO_2 颗粒不能辅助增强 RhB 的水力空化降解。可能是在较低的处理温度或较短的处理时间下（在 400℃下煅烧 3.0h 以及在 550℃下煅烧 1.0h），高活

性的锐钛矿相的 TiO_2 尚未形成，因此这些 TiO_2 颗粒的催化活性较低。此外，在较高处理温度和较长的处理时间下（在 700℃下煅烧 3.0h 以及 550℃下煅烧 5.0h），高活性的锐钛矿相的 TiO_2 已转化成低活性金红石相的 TiO_2，这个转换过程已经通过上述 XRD 分析证实，此时的 TiO_2 催化剂的催化活性依然较低。然而，在经热 550℃下煅烧 3.0h 的 TiO_2 的存在下在，在 90min 和 150min 时，RhB 的水力空化降解率分别为 48.35% 和 64.24%，这明显比单独的水力空化时的降解率更高。这是因为，当 TiO_2 在 550℃下煅烧 3.0h 时，能够形成具有高活性的锐钛矿相。它可以更好地帮助 RhB 进行水力空化降解。特别是，在不同 Fe/Ti 摩尔比的 Fe^{3+}-掺杂 TiO_2 系统中，RhB 的水力空化降解率进一步提高，在 Fe^{3+}-掺杂 TiO_2 的存在下（Fe/Ti 的摩尔比为 0.05∶1.00，在 550℃下煅烧 3.0h），在 90min 和 150min，RhB 的水力空化降解率分别为 72.82% 和 91.11%。这表明处理温度和时间都可以影响 TiO_2 的晶形。此外，适当量的 Fe^{3+} 的掺杂，形成的 Fe^{3+}-掺杂 TiO_2 催化剂可以提高 RhB 的水力空化催化降解效率。

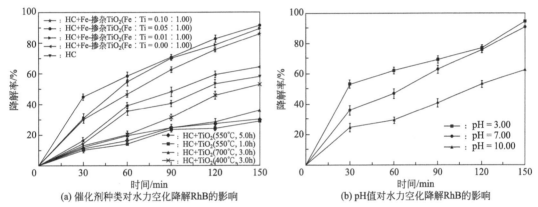

图 5-21　催化剂种类对水力空化降解 RhB 的影响和 pH 值对水力空化降解 RhB 的影响
（入口压力为 3.0bar，RhB 初始浓度为 10mg/L，反应温度 40℃，TiO_2 和
Fe^{3+}-掺杂 TiO_2 的量为 0.50g/L，总容量 5.0L）

2）溶液 pH 值对水力空化催化降解罗丹明 B（RhB）的影响

本部分所考察的 pH 分别为酸性（pH＝3.0）、中性（pH＝7.0）和碱性（pH＝10.0）。全部实验系统的参数为：入口压力为 3.0bar，RhB 的初始浓度为 10mg/L，反应温度 40℃以及反应总容量为 5.0L。从图 5-21（b）可以看出，在给定的条件下，RhB 的水力空化降解率随循环时间的延长而增加。在任意循环时间点，RhB 降解率的大小顺序为 pH＝3.0＞pH＝7.0＞pH＝10.0。结果表明，酸性条件更有利于 RhB 的水力空化降解。这可能是因为，在弱酸性条件下，RhB 能形成一个不易被破坏的内酯环，因此，在 pH 值为 3.0 时，降解率最高（94.87%）。在中性和碱性条件下，RhB 易形成内酯环，使其形成稳定的结构，不易断裂。由于在中性和弱酸性溶液中，RhB 的水力空化降解率相近，考虑到实验仪器在弱酸性溶液中的损耗，因此，后续实验在中性条件下进行。

（4）响应面法优化水力空化的操作参数对水力空化降解罗丹明 B（RhB）的影响

在入口压力、初始浓度和操作温度单因素实验的基础上，进行了三个因素和三个水平的响应面分析实验，实验运行结果如表 5-10 所列，共 17 个实验点。对实验响应值与自变量值进行回归分析，得到模型的二次多项式回归方程见式：

$$Y = 5.614 + 14.113X_1 + 3.325X_2 + 2.325X_3 - 0.243X_1X_2 + 0.06X_1X_3 + 0.018X_2X_3 - 2.378X_1^2 - 0.187X_2^2 - 0.031X_3^2$$

表 5-10　RhB 对于 3 种实验因素的设计及相应的结果

次数	实验因素			响应值（D）
	X_1	X_2	X_3	
1	5	5	40	81.2
2	1	15	40	77.5
3	3	10	40	91.1
4	3	5	50	83.7
5	3	10	40	91.1
6	3	10	40	91.1
7	3	15	30	81.1
8	5	10	50	83.4
9	3	5	50	83.2
10	1	10	50	80.2
11	3	5	30	85.2
12	3	10	40	91.1
13	5	10	30	74.3
14	1	5	40	78.6
15	5	15	40	70.4
16	3	10	40	91.1
17	1	10	30	75.9

在响应面优化设计中，模型的精度直接影响实验误差和最终结论。利用回归方程中的系数可以进一步判断模型的有效性。模型的可信度和方差分析结果如表 5-11 所列。

从表 5-11 可以看出，该模型的 F 值为 15.92，P 值为 0.0007，这表明该模型是准确的和有效的。当 P 值为 0.05 时，对模型有显著的影响。根据对实验结果的分析，在实验研究范围内，残留降解量的正常概念图及实验值与预测值的比较见图 5-22。

表 5-11　模型的可信度和方差分析结果

种类	平方和	df	平均方差	F 值	P 值 Porb>F
模型	650.91	9	73.32	15.92	0.0007

种类	平方和	df	平均方差	F 值	P 值 Porb>F
A	1.05	1	1.05	0.23	0.6451
B	34.03	1	34.03	7.49	0.0290
C	24.50	1	24.50	5.39	0.0532
AB	23.52	1	23.52	5.18	0.0570
AC	5.76	1	5.76	1.27	0.2972
BC	3.24	1	3.24	0.71	0.4262
A^2	381.00	1	381.00	83.89	<0.0001
B^2	91.53	1	91.53	20.15	0.0028
C^2	41.45	1	41.45	9.13	0.0194
残差	31.79	7	4.54	—	—
缺适性检定	31.79	3	10.60	—	—
Pure	0.000	4	0.000	—	—
Cor	682.70	16			

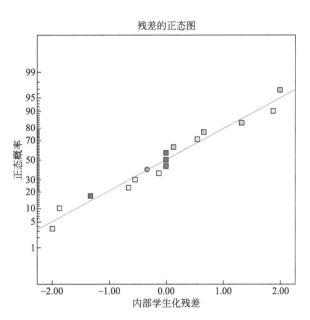

图 5-22　降解量残留物的正常概念图

　　基于 Behnken 法设计（BBD）的水力空化催化降解 RhB 的各种因素进行了讨论并且获得以上的实验结果。结果表明，实验选择的模型是合适的，实验数据与预测值一致。显然，自变量在 RhB 的水力空化催化降解过程的响应值之间的实际规律可以很好地反映基于 Behnken 法设计（BBD）模型。

　　三维（3D）响应曲面图被用来确定在 Fe^{3+}-掺杂 TiO_2（Fe/Ti 的摩尔比为 0.05：1.00，在 550℃下煅烧 3.0h）催化剂的存在下，三个操作参数对水力空化催化降解 RhB

的影响。其中的三个因素（入口压力、RhB 的初始浓度和操作温度）对水力空化-光催化协同降解 RhB 的影响示于图 5-23。水力空化的入口压力范围为 1.0～5.0bar，RhB 的初始浓度范围是 5.0～15mg/L，所述操作温度范围为 30～50℃。催化剂 Fe^{3+}-掺杂 TiO_2（Fe/Ti 的物质的量的比为 0.05∶1.00，在 550℃下煅烧 3.0h）的量为 0.5mg/L，反应总容量为 5.0L，并在中性（pH＝7）条件下进行实验。

入口压力和 RhB 初始浓度的水力空化催化降解的效果示于图 5-23（a）中。当 RhB 的初始浓度在给定的范围内是恒定值时，RhB 的水力空化降解率展现出先增加后减少的趋势。很显然，当入口压力为 3.0bar，RhB 的初始浓度为 5.0mg/L 时，RhB 的水力空化催化降解率（85.32％）最高。其原因是，当入口压力低于 3.0bar，仅可以形成少量的空化泡，这导致水力空化效应较低。因此，一方面，仅可生成少量羟基自由基（·OH）；另一方面，较低的水力空化效应不能有效地激活 Fe^{3+}-掺杂 TiO_2 催化剂。当入口压力高于 3.0bar，强的喷射流带来大量的空泡，使水力空化效应减弱，从而导致 RhB 降解率为 81.25％。此外，当入口压力在给定范围内保持不变时，RhB 的降解率也显示出先升高后下降的趋势。显然，当 RhB 初始浓度为 10mg/L，在 1.0bar 的入口压力下，RhB 的降解率（77.58％）是最好的。这是因为，当羟基自由基（·OH）的量相同时，低初始浓度的 RhB 分子难以被羟基自由基（·OH）捕获。此外，当 RhB 的初始浓度较高时，大量的 RhB 分子吸附在 Fe^{3+}-掺杂 TiO_2 的表面上，从而导致羟基自由基的减少。如果溶液中有大量 RhB 分子，则没有足够的羟基自由基（·OH）来完全降解 RhB 分子。基于上述分析，在最佳的操作参数下（3.0bar 的入口压力和 10mg/L 的初始 RhB 浓度），最大的 RhB 的水力空化催化降解率可以达到 91.11％。

图 5-23（b）显示出，操作温度和入口压力对水力空化催化降解 RhB 的影响。当操作温度为固定值时，随着入口压力的增加，RhB 的降解率先增大后减小。显然，当入口压力为 3.0bar 时，在 30℃的操作温度下，RhB 的降解率（82.54％）是最高的。与此同时，当入口压力为常数，随着操作温度的升高，RhB 的降解率也先增大后减小。当操作温度为 40℃时，在 1.0bar 的进口压力下，RhB 的降解率（76.86％）是最高的。这表明，入口压力是水力空化催化降解 RhB 中最重要的操作参数。其结果是，在 3.0bar 的入口压力和 40℃的操作温度的最佳操作条件下，RhB 最大的水力空化催化降解率可以达到 91.11％。

图 5-23（c）显示出了 RhB 初始浓度和操作温度对水力空化催化降解 RhB 的影响。在 RhB 的初始浓度不变的情况下，随着操作温度的升高，RhB 的降解率先升高后降低。显然，当操作温度为 40℃时，在 5.0mg/L 的 RhB 初始浓度下，RhB 的降解率能够达到最高（82.34％）。另一方面，当操作温度一定时，随着 RhB 初始浓度的提高，RhB 的降解率有先增加然后减小的趋势。当 RhB 的初始浓度为 10mg/L 时，在 40℃的操作温度下，RhB 降解率可达到最高为 84.79％。在 10mg/L 的 RhB 初始浓度和 40℃的操作温度下，RhB 的最佳降解率可达 91.11％。

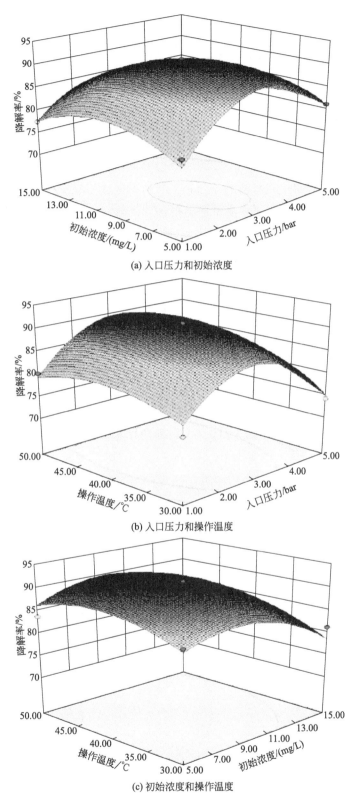

图 5-23　使用响应曲面的方法的入口压力和初始浓度、入口压力和操作温度以及
初始浓度和操作温度对水力空化催化降解 RhB 的影响
（入口压力 1.0～5.0bar，RhB 初始浓度为 5.0～15mg/L，反应温度 30～50℃和总容量 5.0L。1bar＝10^5Pa）

通过以上分析，入口压力、RhB 初始浓度和操作温度等操作参数对水力空化催化降解 RhB 有一定的影响，其中，入口压力的影响最为明显。综上所述，Fe^{3+}-掺杂 TiO_2（Fe/Ti 的摩尔比为 0.05∶1.00，在 550℃下煅烧 3.0h）在 3.0bar 入口压力、40℃的操作温度和 10mg/L 的 RhB 的初始浓度的条件下，RhB 的降解率达到 91.11%，说明溶液中的 RhB 几乎完全降解。

（5）Fe^{3+}-掺杂 TiO_2 水力空化催化降解罗丹明 B（RhB）的可能机理和过程

图 5-24 为 Fe^{3+}-掺杂 TiO_2 存在下（Fe/Ti 的摩尔比为 0.05∶1.00，在 550℃下煅烧 3.0h）水力空化催化降解 RhB 的可能的机理。一般情况下，液体通过水力空化节流装置，在压力降低并恢复的过程中，可以生成空腔并生长成成熟的空化泡。经过空化泡的坍塌崩溃后，可以产生热点（hot points）等极端条件。水分子（H_2O）可以在极端的温度和压力条件下被解离成羟基自由基（·OH）和氢自由基（·H）。所生成的羟基自由基（·OH）具有较高的氧化电势可以氧化 RhB 分子。羟基自由基（·OH）本身也可以结合，形成过氧化氢（H_2O_2）。另外，·H 可以与溶解氧分子结合以产生超氧自由基（·O_2^-），也可以氧化 RhB。反应过程如式（5-27）~式（5-31）所示：

$$H_2O + 水力空化 \longrightarrow ·H + ·OH \tag{5-27}$$
$$·OH + RhB \longrightarrow CO_2 + H_2O + Cl^- + NO_3^- \tag{5-28}$$
$$·OH + ·OH \longrightarrow H_2O_2 \tag{5-29}$$
$$·H + O_2 \longrightarrow ·O_2^- + H^+ \tag{5-30}$$

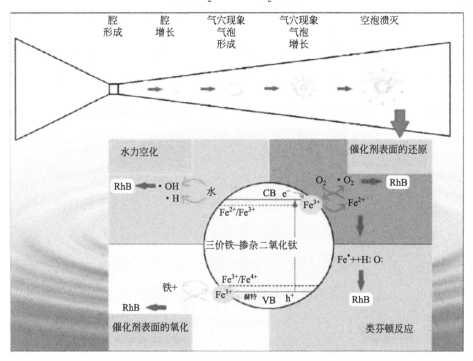

图 5-24 Fe^{3+}-掺杂 TiO_2 存在下的水力空化催化降解有机污染物的机理图

$$\cdot O_2^- + RhB \longrightarrow CO_2 + H_2O + Cl^- + NO_3^- \tag{5-31}$$

此外，水力空化的极端条件可以激活 Fe^{3+}-掺杂 TiO_2，分别在其导带（CB）上生成电子（e^-）并在价带（VB）上生成空穴（h^+）。Fe^{3+}-掺杂 TiO_2 的 VB 上的 h^+ 可直接氧化 RhB，并且在其 CB 上的 e^- 可以与 O_2 反应生成 $\cdot O^{2-}$。反应过程如下：

$$Fe^{3+}\text{-掺杂 } TiO_2 + \text{水力空化} \longrightarrow e^-(CB) + h^+(VB) \tag{5-32}$$

$$h^+(VB) + RhB \longrightarrow CO_2 + H_2O + Cl^- + NO_3^- \tag{5-33}$$

$$e^-(CB) + O_2 \longrightarrow \cdot O_2^- \tag{5-34}$$

更进一步，Fe^{3+} 的离子半径（0.64Å）和 Ti^{4+} 的离子半径（0.68Å）非常接近。Fe^{3+} 离子能够进入 TiO_2 的晶格中，取代的 Ti^{4+} 的位置，形成的 Fe^{3+}-掺杂 TiO_2。由于 Fe^{2+}/Fe^{3+} 的电势能级（0.77eV）比 TiO_2 的 CB 电势（$E_{CB} = -0.50eV$）高时，光生电子可以被 Fe^{3+} 捕获，以产生的 Fe^{2+}。当 Fe^{2+} 与 TiO_2 表面吸附的 O_2 结合，它可被氧化成 Fe^{3+}，O_2 被还原成形式 $\cdot O_2^-$。另一方面，Fe^{2+} 还可以与 H_2O_2 反应发生类芬顿反应，产生 $\cdot OH$。此外，Fe^{3+} 还可以与 H_2O_2 反应生成 Fe^{2+}。反应过程如下：

$$Fe^{3+} + e^-(CB) \longrightarrow Fe^{2+} \tag{5-35}$$

$$Fe^{2+} + O_2 \longrightarrow Fe^{3+} + \cdot O_2^- \tag{5-36}$$

$$Fe^{2+} + H_2O_2 \longrightarrow Fe^{3+} + \cdot OH + OH^- \tag{5-37}$$

$$Fe^{3+} + H_2O_2 \longrightarrow Fe^{2+} + \cdot OOH + H^+ \tag{5-38}$$

此外，Fe^{3+}/Fe^{4+} 的电势能级（2.10eV）比 TiO_2 的 VB 电势（$E_{VB} = 2.70eV$）低。TiO_2 的 VB 上的光生 h^+ 可以被 Fe^{3+} 捕获，以产生 Fe^{4+}。Fe^{4+} 在催化剂表面氧化 H_2O 分子，以产生 $\cdot OH$。

$$Fe^{3+} + h^-(VB) \longrightarrow Fe^{4+} \tag{5-39}$$

$$Fe^{4+} + H_2O \longrightarrow Fe^{3+} + \cdot OH \tag{5-40}$$

与此同时，空化作用过程中产生的极端条件（高温和高压）能够影响空化泡的崩塌，其中湍流过程中产生微射流和剪切力不仅可以清洗光催化剂的表面，还能够分散催化剂颗粒，并产生更多的活性位点来与有机物接触。另外，在 Fe^{3+}-掺杂 TiO_2 催化剂的存在下，水力空化还可以产生化学效应，进而增加水力空化过程中羟基自由基（$\cdot OH$）的浓度，加速 RhB 的分解。

（6）小结

本节对 Fe^{3+}-掺杂 TiO_2 催化剂的制备进行了详细的描述，利用 XRD、SEM、TEM、XPS、DRS 和 PL 等手段对制备的催化剂进行了更为全面和深入的表征分析，表明催化剂被成功制备。水力空化实验研究证明，文丘里管的几何参数——喉部的大小、形状和喉部后侧的半发散角，能够强烈地影响水力空化效应的强度。喉部为圆形、半径（R）为 1.00mm 和喉部为方形、边长（L）为 1.77mm 的文丘里管都显示出高的水力空化效应，即高的 RhB 水力空化降解效率。但是，方形文丘里管比圆形文丘里管可以产生更好的效果。此外，喉部后侧为 6.0°的半发散角的方形文丘里管可产生最强的水力空化效应。与此同时，在 550℃下热处理 3.0h 锐钛矿和金红石混合相的 TiO_2，可以增强有机污染物的水力空化催化降解效率。在 Fe^{3+}-掺杂 TiO_2（Fe/Ti 的摩尔比为 0.05∶1.00，在 550℃下煅烧 3.0h）的存在下，当 3.0bar 的入口压力、RhB 的初始浓度为 10mg/L 以及 40℃的操作温度时，经过 150min 连续操作时间，水力空化催化降解 RhB 的最高降解率为 91.11%。

5.3.3.2 水力空化强化光催化技术降解典型污染物的应用

本小节展示了近十几年来水力空化强化光催化技术降解有机污染物的相关研究成果，见表 5-12。

表 5-12 水力空化强化光催化技术降解典型污染物的应用

序号	研究人员	目标污染物	催化剂	实验结论
1	Bagal 等	双氯芬酸	TiO_2	与单独方案相比，水力空化与 UV、UV/TiO_2 和 $UV/TiO_2/H_2O_2$ 的组合降解程度依次提高；在优化的操作条件下，使用水力空化结合 $UV/TiO_2/H_2O_2$ 观察到最大降解程度为 95%，TOC 降低 76%
2	Wang 等	四环素	TiO_2（P25）	四环素光催化与水力空化耦合的伪一级速率常数是单个过程的速率常数总和的 1.5~3.7 倍；与单独的光催化和水力空化相比，组合工艺对于较低四环素初始浓度的降解更有效，而对于较高的浓度，降解速率的提高更为明显；四环素的矿化程度明显低于四环素去除效率；TiO_2 的扫描电子显微镜（SEM）图像证实了水力空化可以防止光催化颗粒团聚
3	Wang 等	C.I. 活性红 2	TiO_2	与单独的光催化和射流空化相比，光催化与射流空化结合将染料的降解提高了约 136%，并显示出协同效应；射流空化对光催化的增强可能是由于催化剂颗粒的脱凝聚以及催化剂表面与反应物之间更好地接触；NO_3^- 和 SO_4^{2-} 的存在增强了活性红 2 的降解，而 Cl^-，尤其是 HCO_3^- 显著降低染料脱色率
4	Çalışkan 等	活性红 180（RR180）	ZnO	与单独的 HC 和光催化相比，HC+光催化在 5bar 的入口压力下表现出更好的矿化；COD 和 TOC 去除的协同系数分别为 1.48 和 1.17；研究了不同的催化剂负载量（0.5~1.5g/L）对污染物降解的影响，发现 1g/L 的 ZnO 为最佳负载量；增加初始 RR180 染料浓度导致降解效率降低
5	Bhaskar 等	结晶紫	TiO_2、Fe 掺杂 TiO_2 和 Ce 掺杂 TiO_2	在水力空化参与的条件下，0.8% 的 Fe 掺杂 TiO_2 在结晶紫染料的脱色研究中表现出最大的光催化活性，并实现约 98% 的最大脱色率。这是由于 TiO_2 中存在 Fe，它能充当 Fenton 试剂

续表

序号	研究人员	目标污染物	催化剂	实验结论
6	Kumar 等	亚甲基蓝（MB）	Bi 掺杂 TiO$_2$	研究了进水压力、溶液 pH 值和光催化剂的加入量等操作参数对 MB 染料降解的影响；在入口压力为 5bar，pH=2 和反应时间 60min 时，亚甲基蓝的降解达到最大程度，显示出 64.64% 脱色率；与水力空化和 Bi 掺杂 TiO$_2$ 光催化过程的组合相比，水力空化与 H$_2$O$_2$ 的组合显示出高的协同效应
7	Kumar 等	混合染料	TiO$_2$	在 pH=3 和 6bar 入口压力的最佳条件下，HC+光照过程在 120min 的操作中显示 74.53% 的脱色率，HC+光催化过程显示 82.13% 的脱色率
8	Dhanke 等	酸性红 88（AR88）	Fe 掺杂 TiO$_2$	降解程度随着初始染料浓度的增加而增加，降解速率取决于溶液 pH 值；添加 H$_2$O$_2$ 和催化剂（Fe-TiO$_2$）后，AR88 的降解增强；与声空化相比，水力空化具有更高的能量效率，并在等效功率/能量耗散方面做到更高的脱色率
9	Kuldeep 等	卡马西平（CBZ）	ZnO/ZnFe$_2$O$_4$	在最佳操作条件下（入口压力=9bar，pH=4，CBZ 初始浓度=15mg/L，UV 功率=18W，Na$_2$S$_2$O$_8$=500mg/L、ZnO/ZnFe$_2$O$_4$=500mg/L），CBZ 的降解率为 98.13%±1.03%，HC 单独处理时 CBZ 降解率为 7.70%
10	Yi 等	土霉素	Z-scheme（TiO$_2$/Er^{3+}：YAlO$_3$）/NiFe$_2$O$_4$	HC+（TiO$_2$/Er^{3+}：YAlO$_3$）/NiFe$_2$O$_4$+光照系统连续循环 90min，土霉素降解率达到 84.45%，远高于单独使用 HC 的 33.99%、HC+TiO$_2$+光照的 59.16% 和 HC+NiFe$_2$O$_4$+光照的 52.21%
11	Arbab 等	活性黑 5（RB5）	纳米二氧化钛	使用空化显著减少了纳米材料的使用量（从 100mg/L 减少到 8.4mg/L），工艺总成本为原来的七分之一

5.3.4 水力空化强化其他高级氧化技术降解典型污染物的应用

本节展示了近十几年来水力空化强化其他高级氧化技术降解有机污染物的相关研究成果，见表 5-13。

表 5-13 水力空化强化其他高级氧化技术降解典型污染物的应用

序号	研究人员	目标污染物	联合工艺	实验结论
1	时小芳 等	大肠杆菌	水力空化-次氯酸钠	大肠杆菌初始含量为 5.0×10^{-6}CFU/mL、水温为 30℃ 时，联合工艺氧化消毒工艺的优化参数为：入口压力 0.37MPa、NaClO 的质量浓度 6.0mg/L、空化时间 38min，在此条件下所得大肠杆菌去除量的对数为 4.96
2	张波 等	罗丹明 B	水力空化-H$_2$O$_2$	罗丹明 B 的降解规律符合拟一级降解动力学；随着入口压力的增加罗丹明 B 降解率增加；酸性条件能有效提高罗丹明 B 降解率，pH=3.0 时罗丹明 B 达到最大降解率 95.12%；H$_2$O$_2$ 能有效强化水力空化对罗丹明 B 的降解能力，但当 H$_2$O$_2$ 浓度增至 10mg/L 后，罗丹明 B 的降解率则不再增加

续表

序号	研究人员	目标污染物	联合工艺	实验结论
3	Wang 等	活性艳红 K-2BP	水力空化 -H_2O_2	水力空化和 H_2O_2 之间存在明显的协同效应，水力空化结合 H_2O_2 降解 K-2BP 遵循拟一级动力学；较高的介质温度、流体压力和 H_2O_2 浓度有利于 K-2BP 的降解，较低的介质 pH 值、初始染料浓度也有助于 K-2BP 的降解
4	金文璃等	环丙沙星 (CIP)	水力空化 -H_2O_2	与单独水力空化相比，水力空化联合 H_2O_2 对 CIP 具有明显的协同降解作用；多孔板开孔为 0.054 的板降解效果最好，添加 30% H_2O_2 的量从 0.1L 增到 0.3L 时，降解率先增大后减小；初始 pH 值为 3.0 时 CIP 降解率最大，达 77.49%；同等条件下水力空化的能量利用率是超声空化的 26.54 倍
5	孔维甸等	罗丹明 B	水力空化 -ClO_2	入口压力、空化时间、多孔板开孔率以及二氧化氯浓度对罗丹明 B 降解率存在显著影响；组合工艺下罗丹明 B 的降解率是单独水力空化的 3.9 倍，是单独使用二氧化氯的 2.3 倍；单独水力空化、单独二氧化氯、水力空化强化二氧化氯三种工艺符合拟一级反应动力学，两种工艺存在协同效应
6	刘欣欣等	罗丹明 B	水力空化 -ClO_2	对实验条件进行优化，表明最佳实验条件为：入口压力为 0.44MPa，反应时间为 100min，二氧化氯浓度为 33.74mg/L。在最佳条件下，罗丹明 B 的实际降解率为 92.2%
7	孔维甸等	苯酚	水力空化 -ClO_2	苯酚降解率随着入口压力的增大，呈现先增大后减小的趋势；孔板开孔率对苯酚的降解效果有较大的影响，且环状分布孔板比均匀分布孔板有更好的降解效果；水力空化联合二氧化氯对苯酚的降解符合一级反应动力学规律，且降解率是 2 个单独处理工艺之和的 1.4 倍，两者对苯酚的降解存在协同效应
8	杨金刚等	氮氧化物 (NO_x)	水力空化 -ClO_2	在进口压力 300kPa 与出口压力 30kPa 的最佳压力组合下，随着溶液温度升高，脱硝效果先增加后降低，最佳溶液温度为 20℃
9	Jung 等	废活性污泥 (WAS)	水力空化-电场辅助 (EFM)	比较了各种 HC 系统对 WAS 的降解，其中 EFM-HC 系统表现出最好的性能（HC：33.5%；EFM：9.6%；EFM-HC：47%），最高的降解效率为 47.0%±2.0%
10	Jawale 等	$K_4Fe(CN)_6$	水力空化 -H_2O_2	研究了过氧化氢的添加 [$K_4Fe(CN)_6$：H_2O_2 的摩尔比为 1:1~1:30] 作为工艺强化的方法，在优化的操作参数下，空化法可以有效地降解亚铁氰化钾；水力空化与声空化的对比研究表明，在等效功率/能量耗散方面，水力空化比声空化具有更高的能量效率和更高的降解率
11	何冰等	壳聚糖	水力空化 -H_2O_2	水力空化对壳聚糖的降解程度随壳聚糖浓度的增加而减小，随着入口压力及水温的增加而增大；在一定条件下，水力空化对壳聚糖的降解存在着一个最佳的 pH 值；水力空化联合 H_2O_2 强化处理大大增强了降解的效果

参考文献

[1] Zhou P, Yu J G, Jaroniec M. All-solid-state Z-scheme photocatalytic systems[J]. Advanced Materials, 2014, 26: 4920-4935.

[2] Peng X M, Luo W D, Hu Y Y, et al. Phosphorus-doped mesoporous graphite phase carbon nitride photocatalytic degradation dyes [J]. China Environmental Science, 2019, 39(8): 3277-3285.

［3］ Li X Y，Chen C，Liu Y B，et al. Performance of CuO/BiFeO₃ heterojunction photocatalytic reduction of U(Ⅵ) in solution［J］. The Chinese Journal of Nonferrous Metals，2020，30(6)：1389-1398.

［4］ Mokhbi Y，Korichi M，Akchiche Z. Combined photocatalytic and Fenton oxidation for oily wastewater treatment ［J］. Applied Water Science，2019，9(2)：35.

［5］ Ning P，Bart H J，Jiang Y，et al. Treatment of organic pollutants in coke plant wastewater by the method of ultrasonic irradiation，catalytic oxidation and activated sludge［J］. Separation and Purification Technology，2005，41(2)：133-139.

［6］ Hongying Z，Junxia G，Guohua Z，et al. Fabrication of novel SnO₂-Sb-carbon aerogel electrode for ultrasonic electrochemical oxidation of perfluorooctanoate with high catalytic efficiency ［J］. Applied catalysis B：Environmental，2013，136 (1)：278-286.

［7］ Wang Q，Lemley A T，Oxidative degradation and detoxification of aqueous carbofuran by membrane anodic Fenton treatment［J］. Journal of Hazardous Materials，2003 (98)：241-255.

［8］ 杜鹃山，车迪，许彦平，等.电芬顿处理亚甲基蓝类染料废水研究［J］.黑龙江电力，2010(01)：9-12.

［9］ 廉雨，赖波，周岳溪，等.电芬顿氧化法处理酸性橙Ⅱ模拟废水［J］.环境科学研究，2012，5(3)：328-332.

［10］ 班福忱，刘炳天，程琳，等.阴极电芬顿法处理苯酚废水的研究［J］.工业安全与环保，2009，35(9)：25-27.

［11］ 班福忱，李亚峰，胡俊生，等.电-Fenton 法处理五氯硝基苯废水［J］.沈阳建筑大学学报，2005，21(6)：723-725.

［12］ 毕强，薛娟琴，郭莹娟，等.电芬顿法去除兰炭废水 COD［J］.环境工程学报，2012，6(12)：4310-4314.

［13］ Ragaini V，Selli E，Letizia Bianchi C，et al. Sono-photocatalytic degradation of 2-chlorophenol in water：Kinetic and energetic comparison with other techniques［J］. Ultrason. Sonochem.，2001，8(3)：251-258.

［14］ Wu C，Liu X，Wei D，et al. Photosonochemical degradation of phenol in water［J］. Water Res.，2001，35(16)：3927-3933.

［15］ Silva A M T，Nouli E，Carmo-Apolinario A C，et al. Sonophotocatalytic/H₂O₂ degradation of phenolic compounds in agro-industrial effluents Catal［J］. Today，2007，124(3-4)：232-239.

［16］ Ma C Y，Xu J Y，Liu X J. The application of power ultrasound to reaction crystallization［J］. Ultrason. Sonochem.，2006，44(Supplement 1)：e375-e378.

［17］ Bejarano-Perez N J，Suarez-Herrera M F. Sonophotocatalytic degradation of congo red and methyl orange in the presence of TiO₂ as a catalyst［J］. Ultrason. Sonochem.，2007，14(5)：589-595.

［18］ Gonzalez A S，Martinez S S. Study of the sonophotocatalytic degradation of basic blue 9 industrial textile dye over slurry titanium dioxide and influencing factors［J］. Ultrason. Sonochem.，2008，15(6)：1038-1042.

［19］ Wang H，Niu J，Long X，et al. Sonophotocatalytic degradation of methyl orange by nano-sized Ag/TiO₂ particles in aqueous solutions［J］. Ultrason. Sonochem.，2008，15(4)：386-392.

［20］ Peller J，Wiest O，Kamat P V. Synergy of combining sonolysis and photocatalysis in the degradation and mineralization of chlorinated aromatic compounds［J］. Environ. Sci. Technol.，2003，37(9)：1926-1932.

［21］ Hirano K，Nitta H，Sawada K. Effect of sonication on the photo-catalytic mineralization of some chlorinated organic compounds［J］. Ultrason. Sonochem.，2005，12(4)：271-276.

［22］ Madhavan J，Sathish Kumar P S，Anandan S，et al. Sonophotocatalytic degradation of monocrotophos using TiO₂ and Fe³⁺［J］. J. Hazard. Mater.，2010，177(1-3)：944-949.

［23］ Bahena C L，Martinez S S，Guzman D M，et al. Sonophotocatalytic degradation of alazine and gesaprim commercial herbicides in TiO₂ slurry［J］. Chemosphere，2008，71(5)：982-989.

［24］ Ince N H. Ultrasound-assisted advanced oxidation processes for water decontamination ［J］. Ultrasonics sonochemistry，2018，40：97-103.

[25] Ji G，Zhang B，Wu Y. Combined ultrasound/ozone degradation of carbazole in APG1214 surfactant solution[J]. Journal of Hazardous Materials，2012，225：1-7.

[26] Xu Z，Mochida K，Naito T，et al. Effects of operational conditions on 1，4-dioxane degradation by combined use of ultrasound and ozone microbubbles[J]. Japanese Journal of Applied Physics，2012，51(7S)：07GD08.

[27] Wang B，Xiong X，Shui Y，et al. A systematic study of enhanced ozone mass transfer for ultrasonic-assisted PTFE hollow fiber membrane aeration process[J]. Chemical Engineering Journal，2019，357：678-688.

[28] Zezulka Š，Maršálková E，Pochylý F，et al. High-pressure jet-induced hydrodynamic cavitation as a pre-treatment step for avoiding cyanobacterial contamination during water purification[J]. Journal of Environmental Management，2020，255：109862.

[29] Weavers L K，Ling F H，Hoffmann M R. Aromatic compound degradation in water using a combination of sonolysis and ozonolysis[J]. Environmental Science & Technology，1998，32(18)：2727-2733.

[30] Destaillats H，Colussi A J，Joseph J M，et al. Synergistic effects of sonolysis combined with ozonolysis for the oxidation of azobenzene and methyl orange [J]. The Journal of Physical Chemistry A，2000，104（39）：8930-8935.

[31] Weavers L K，Malmstadt N，Hoffmann M R. Kinetics and mechanism of pentachlorophenol degradation by sonication，ozonation，and sonolytic ozonation [J]. Environmental Science & Technology，2000，34（7）：1280-1285.

[32] Kang J W，Hoffmann M R. Kinetics and mechanism of the sonolytic destruction of methyl tert-butyl ether by ultrasonic irradiation in the presence of ozone[J]. Environmental Science & Technology，1998，32（20）：3194-3199.

[33] Song S，Xia M，He Z，et al. Degradation of p-nitrotoluene in aqueous solution by ozonation combined with sonolysis[J]. Journal of Hazardous Materials，2007，144(1-2)：532-537.

[34] Gore M M，Saharan V K，Pinjari D V，Chavan P V，Pandit A B. Degradation ofreactive orange 4 dye using hydrodynamic cavitation based hybrid techniques[J]. Ultrason. Sonochem，2014，21(3)：1075-1082.

[35] Gogate P R，Patil P N. Combined treatment technology based on synergism between hydrodynamic cavitation and advanced oxidation processes[J]. Ultrasonics Sonochemistry，2015，25：60-69.

[36] 翟磊，董守平，冯高坡，马红莲.水力空化联合臭氧降解油田污水初步试验研究[J].环境科学与技术，2009，32(B06)：320-323.

[37] 王子荣，刘美琴，李文波.水力空化协同臭氧氧化法处理医疗污泥技术研究[J].节能与环保，2021(11)：76-77.

[38] 武志林，王伟民，李维新，赵诣，汤传栋，Giancarlo Cravotto.水力空化联合臭氧氧化灭藻技术的实际应用[J].生态与农村环境学报，2016，32(3)：500-506.

[39] 朱文明，吴纯德，吴国枝.水力空化强化臭氧消毒技术的影响因素研究[J].中国给水排水，2007，23(11)：13-16.

[40] 刘忠明，孟霞，王守娟，孔凡功，王永梅，王希尧，彭吉成.臭氧协同水力空化处理造纸漂白废水对生物处理的影响[J].造纸科学与技术，2021，40(5)：15-19.

[41] Boczkaj G，Gagol M，Klein M，et al. Effective method of treatment of effluents from production of bitumens under basic pH conditions using hydrodynamic cavitation aided by external oxidants［J］. Ultrasonics sonochemistry，2018，40：969-979.

[42] 卢贵玲，朱孟府，邓橙，李颖，刘红斌，马军.水力空化联合 Fenton 降解双酚 A 的性能研究[J].水处理技术，2019，45(5)：29-33.

［43］ Chakinala A G, Gogate P R, Burgess A E, et a1. Treatment of industrial wastewater effluents using hydrodynamic cavitation and the advanced Fenton process［J］. Ultrasonics Sonochemislry, 2008, 15: 49-54.

［44］ 苏洁. 空化协同类芬顿及酸化降解污染物和破解污泥及其机理探究［D］. 杭州: 浙江工商大学, 2016.

［45］ 杨思静, 晋日亚, 乔伊娜, 等. 水力空化结合 Fenton 过程降解甲基橙染料废水［J］. 科学技术与工程, 2017, 17 (10): 96-100.

［46］ 李改锋, 刘月娥, 马凤云, 王金榜, 王康康, 徐向红. 水力空化装置设计模拟及强化降解苯酚的研究［J］. 中国环境科学, 2017, 37(9): 3371-3378.

［47］ 徐世贵, 刘月娥, 王金榜, 马凤云, 徐向红. 水力空化-Fenton 氧化联合超声吸附处理煤气化废水［J］. 化工环保, 2019, 39(6): 634-640.

［48］ 陈锐杰, 孙国龙, 曹玉琴, 崔少琦, 贺琼琼. 水力空化联合 Fenton/Fenton-Fe 氧化降解苯酚废水［J］. 净水技术, 2022, 41(7): 90-98.

［49］ Chakinala A G, Bremner D H, Gogate P R, et al. Multivariate analysis of phenol mineralisation by combined hydrodynamic cavitation and heterogeneous advanced Fenton processing ［J］. Applied Catalysis B: Environmental, 2008, 78 (1-2): 11-18.

［50］ Angaji M. T, Ghiaee R. Decontamination of unsymmetrical dimethylhydrazine waste water by hydrodynamic cavitation-induced advanced Fenton process［J］. Ultrason. Sonochem. , 2015, 23: 257-265.

［51］ Bagal M V, Gogate P R. Degradation of diclofenac sodium using combined processes based on hydrodynamic cavitation and heterogeneous photocatalysis［J］. Ultrasonics sonochemistry, 2014, 21(3): 1035-1043.

［52］ Wang X, Jia J, Wang Y. Combination of photocatalysis with hydrodynamic cavitation for degradation of tetracycline［J］. Chem. Eng. J. ,2017, 315: 274-282.

［53］ Wang X, Jia J, Wang Y. Degradation of CI Reactive Red 2 through photocatalysis coupled with water jet cavitation［J］. Journal of Hazardous Materials, 2011, 185(1): 315-321.

［54］ Çalışkan Y, Yatmaz H C, Bektaş N. Photocatalytic oxidation of high concentrated dye solutions enhanced by hydrodynamic cavitation in a pilot reactor［J］. Process Safety and Environmental Protection, 2017, 111: 428-438.

［55］ Bethi B, Sonawane S H, Rohit G S, et al. Investigation of TiO_2 photocatalyst performance for decolorization in the presence of hydrodynamic cavitation as hybrid AOP［J］. Ultrasonics Sonochemistry, 2016, 28: 150-160.

［56］ Kumar M S, Sonawane S H, Pandit A B. Degradation of methylene blue dye in aqueous solution using hydrodynamic cavitation based hybrid advanced oxidation processes［J］. Chemical Engineering and Processing: Process Intensification, 2017, 122: 288-295.

［57］ Kumar M S, Sonawane S H, Bhanvase B A, et al. Treatment of ternary dye wastewater by hydrodynamic cavitation combined with other advanced oxidation processes (AOP's)［J］. Journal of Water Process Engineering, 2018, 23: 250-256.

［58］ Dhanke P B, Wagh S M. Intensification of the degradation of Acid RED-18 using hydrodynamic cavitation［J］. Emerging Contaminants, 2020, 6: 20-32.

［59］ Roy K, Moholkar V S. Mechanistic analysis of carbamazepine degradation in hybrid advanced oxidation process of hydrodynamic cavitation/UV/persulfate in the presence of $ZnO/ZnFe_2O_4$ ［J］. Separation and Purification Technology, 2021, 270: 118764.

［60］ Yi L, Qin J, Sun H, et al. Construction of Z-scheme $(TiO_2/Er^{3+}:YAlO_3)/NiFe_2O_4$ photocatalyst composite for intensifying hydrodynamic cavitation degradation of oxytetracycline in aqueous solution［J］. Separation and Purification Technology, 2022, 293: 121138.

[61] Arbab P，Ayati B，Ansari M R. Reducing the use of nanotitanium dioxide by switching from single photocatalysis to combined photocatalysis-cavitation in dye elimination[J]. Process Safety and Environmental Protection，2019，121：87-93.

[62] 时小芳，朱孟府，邓橙，郝丽梅，赵斌，马军.响应面法优化水力空化——次氯酸钠氧化大肠杆菌的工艺[J]. 水处理技术，2018，44(4)：2117-2135.

[63] 张波，沈立，龚文娟. H_2O_2 强化水力空化降解罗丹明 B 废水[J]. 环境工程学报，2015，9(11)：5364-5368.

[64] Wang J G，Wang X K，Guo P Q,et al. Degradation of reactive brilliant red K-2BP in aqueous solution using swirling jet-induced cavitation combined with H_2O_2[J]. Ultrasonics Sonochemistry,2011,18(2) ：494-500.

[65] 金文瑢，孙三祥，武金明，金文芝.环丙沙星的水力空化/H_2O_2 联合降解研究[J]. 甘肃水利水电技术，2016，52(11)：39-42，52.

[66] 孔维甸，晋日亚，乔怡娜，王永杰，师淑婷.水力空化强化二氧化氯降解罗丹明 B 的研究[J]. 科学技术与工程，2016，16(28)：139-143.

[67] 刘欣欣，晋日亚，贺增弟，乔伊娜，杨思静，孔维甸.响应面法优化水力空化强化二氧化氯降解罗丹明 B 研究[J]. 环境工程，2017，35(10)：24-28.

[68] 孔维甸，晋日亚，贺增弟，乔怡娜，杨思静，王永杰，刘欣欣.水力空化联合二氧化氯处理苯酚废水研究[J]. 现代化工，2017，37(5)：154-157，159.

[69] 杨金刚，宋立国，卢凯旋，张博浩.水力空化强化二氧化氯的脱硝研究[J]. 华中科技大学学报:自然科学版，2021，49(4)：67-72.

[70] Jung K W，Hwang M J，Yun Y M，et al. Development of a novel electric field-assisted modified hydrodynamic cavitation system for disintegration of waste activated sludge[J]. Ultrasonics Sonochemistry, 2014, 21(5)：1635-1640.

[71] Jawale R H，Gogate P R，Pandit A B. Treatment of cyanide containing wastewater using cavitation based approach[J]. Ultrasonics sonochemistry, 2014, 21(4)：1392-1399.

[72] 何冰，张淑君，信志强，张德里.水力空化联合 H_2O_2 降解壳聚糖的研究[J]. 重庆理工大学学报:自然科学,2014，28(11)：52-56.

第6章 水力空化消杀微生物的研究

6.1 水中的微生物

6.1.1 微生物的定义

微生物一词并非生物分类学上的专用名词，而是指所有形体微小单细胞生物，或个体结构较为简单的多细胞生物，以及无细胞结构的、必须借助光学显微镜甚至电子显微镜才能观察到的低等生物的通称。微生物类群十分复杂，其中包括不具备细胞结构的病毒，单细胞的细菌和蓝细菌，属于真菌的酵母菌和霉菌，单细胞藻类和原生动物、后生动物等。

6.1.2 原核微生物

凡是细胞核发育不完全，仅有一个核物质高度集中的核区（叫拟核结构），不具核膜，核物质裸露，与细胞质没有明显的界限，没有分化的特异细胞器，只有膜体系的不规则泡沫结构，不进行有丝分裂的细胞称为原核细胞。由原核细胞构成的微生物称为原核微生物。原核微生物主要包括细菌门和蓝细菌门中的所有微生物。

细菌是一种具有细胞壁的单细胞原核生物，裂殖繁殖，个体微小，多数在 $1\mu m$ 左右，通常用放大 1000 倍以上的光学显微镜或电子显微镜才能观察到。各种细菌在一定的环境条件下，有相对恒定的形态和结构。

就单个有机体而言，细菌的基本形态有：球状、杆状和螺旋状三种分别称为球菌、杆菌和螺旋菌（包括弧菌）。在自然界所存在的细菌中，杆菌最为常见，球菌次之，而螺旋菌最少。此外，近些年来还陆续发现了少数其他形态（如三角形、方形和圆盘形等）的细菌。细菌分裂后的排列方式不同，使它们的形态多样化。

6.1.3 真核微生物

凡是具有发育好的细胞核，有核膜（使细胞核与细胞质具有明显的界限），有高度分化的特异细胞器（如线粒体、叶绿体、高尔基体等），进行有丝分裂的细胞称为真核细胞。由真核细胞构成的微生物称为真核微生物。它包括真菌、藻类、原生动物和后生动物。

6.1.3.1　藻类

藻类一般都具有能进行光合作用的色素，利用光能将无机物合成有机物，供自身需要。藻类是光能自养型的真核微生物。

藻类主要为水生生物，广泛分布于海水和淡水中。单细胞藻类浮游于水中，称为浮游植物。在自然界的水生生态系统中，藻类是重要的初级生产者，是水生食物链中的关键环节，它关系着水体生产力以及物质转化与能量流动，使水体保持自然生态平衡。

6.1.3.2　真菌

真菌是指单细胞（包括无隔多核细胞）和多细胞、不能进行光合作用、靠寄生或腐生方式生活的真核微生物。真菌能利用的有机物范围很广，特别是多碳类有机物。真菌能分解复杂的有机化合物，如某些真菌可以降解纤维素，并且还能破坏某些杀菌剂，这对于废水处理是很有价值的。

真菌和藻类在细胞结构和繁殖方式上有许多相似之处，但主要区别在于真菌没有光合色素，不能进行光合作用，属于有机营养型，而藻类则是无机营养型的光合微生物。

真菌在自然界分布极为广泛。依种的不同分别存于水、土壤、大气和生物体内外。腐生种类对于推动自然界的物质循环起着重要作用。真菌的种类繁多、形态各异、大小悬殊、细胞结构多样，包括霉菌、酵母菌。

6.1.3.3　原生动物与后生动物

原生动物门属真核原生生物界，他们的个体都很小，长度一般为 $100\sim300\mu m$，大多数为单核细胞，少数有两个或者两个以上细胞核。原生动物在生理上具有完善的系统，能和多细胞动物一样行使营养、呼吸、排泄、生殖等机能。常见的"胞器"有：行动胞器、消化营养胞器、排泄胞器、感觉胞器。

在废水生物处理中还常常出现一些多细胞动物——后生动物，这些动物属无脊椎动物，包括轮虫、甲壳类动物等。

6.1.4　病毒

病毒是广泛寄生于人、动物、植物、微生物细胞中的一类微生物。

病毒具有以下基本特征：

① 无细胞结构，只含一种核酸，或为核糖核酸（RNA），或为脱氧核糖核酸（DNA）；

② 没有自身的酶合成机制，不具备独立代谢的酶系统，营专性寄生生活；

③ 个体微小（大小在 $0.2\mu m$ 以下），能够通过细菌过滤器，必须借助电子显微镜才能观察到；

④ 对抗生素不敏感，对干扰素敏感；

⑤ 在活细胞外具有一般化学大分子特征，在进入宿主细胞后又具有生命特征。

病毒是以其致病性被发现的，当病毒侵染人和动植物细胞并大量繁殖时，会引起各种疾病。例如，脊髓灰质炎病毒（可引起小儿麻痹症）和传染性肝炎病毒可随患者粪便排泄出去，因而这些病毒不仅通过直接与患者接触而传染，也可通过饮水而传播。所以在水处理工程中，应注意防止传染性病毒对水的污染。其他如天花、疱疹、某些流感以及腮腺炎等也均为病毒感染。病毒在寄主外生存时，感染能力很容易丧失。它对温度很敏感，在 $55\sim60℃$ 时几分钟时间便可以发生变性反应。X 射线、γ 射线和紫外线照射都能使病毒变性失活。

6.2　水中微生物的消杀方法

现有的消杀微生物的技术主要可分为化学消毒法、物理消毒法、联合消毒法三类，其优缺点和适用条件各不相同。

6.2.1　化学消毒法

化学消毒法是向饮用水投加化学药剂，生成具有强氧化还原性或高渗透性的小分子物质，破坏水中微生物的细胞酶或核酸等遗传物质，抑制微生物生长代谢，消灭水中微生物，从而达到消毒杀菌效果的方法。

6.2.1.1　氯消毒法

氯消毒法是使用时间最早，使用范围最为广泛的消毒技术，始于 19 世纪初期，可十分有效地杀灭水中的细菌微生物，降低传染病的传播概率。迄今为止，我国大多数饮用水处理厂依然采用氯消毒作为主导的消毒技术。氯消毒法由进入水中的单质氯发生氧化还原反应，生成小于细菌的次氯酸分子，次氯酸在水中电离生成次氯酸根离子，吸附在带负电的细菌表面，通过细胞壁进入到细菌内部，利用次氯酸的氧化作用破坏细菌的酶系统，灭活细菌等微生物。

自 20 世纪 70 年代起，研究人员先后从氯消毒处理水中检测出三卤甲烷（THMs）、卤乙酸（HAAs）等消毒副产物（DBPs）。分析氯消毒的反应过程发现，消毒副产物是因次氯酸与水中腐殖酸、富里酸、藻类等天然有机物（NOM）和溴化物等无机物发生了取代、加成、消去、氧化等一系列化学反应而生成的。研究发现，存在于饮用水中的消毒副产物表现出致癌性、遗传毒性和细胞毒性。此外，水的 pH 值会影响氯消毒法的消毒效果，且不能有效灭活隐孢子虫和贾第鞭毛虫卵囊，而无法抑制管网中的微生物二次生长。

此外，我国水源水中氨氮成分较高，单质氯进入水中转化成氯胺，大大降低了氯消毒的效果，使消毒不彻底，细菌依然存活。因此，在采用氯消毒之前，为确保消毒效果，应严格检测处理水水质，必要时应对水源采用预处理。氯消毒效果不稳定，一旦泄漏，危害极大，存储运输上要求较高。但其价格低廉，应用技术成熟，能灭活绝大多数的致病菌，所以目前依然是大规模供水厂中使用率较高的一种消毒手段。

6.2.1.2　次氯酸消毒法

因液氯存在储存和运输上的安全隐患，很多给水处理厂中采用次氯酸来代替液氯进行消毒，消毒效果与氯基本相同。次氯酸通过以下 3 种途径实现消毒：

① 依靠在水中电离出的具有强氧化性的次氯酸根离子，作用于微生物蛋白质，使蛋白质失活，妨碍细胞代谢；

② 通过细菌的细胞壁进入到细菌内部，破坏核酸等遗传物质，抑制细菌的生长、发育、繁殖；

③ 依靠电离出的氯离子，改变细胞的渗透压，使细胞失活。

其消毒过程与氯消毒大体相似，除不能有效杀死"两虫"之外，同样会生成伴有致病致癌风险的 DBPs。次氯酸钠消毒生成的副产物量高于氯消毒，且在藻类突发季节使用次氯酸钠消毒会加剧副产物前体物的生成。

叶学良等用次氯酸钠漂白粉处理以中小型水处理厂为代表的中国石油化工汉田水电厂供水，系统运行 31d 后取水样检测发现漂白粉的消毒效果比氯好，且次氯酸钠为固体颗粒，因缓释作用可以在水中维持较长时间的消毒。漂白粉消毒所产生的消毒副产物主要来自次氯酸钠本身，次氯酸钠在空气中不稳定，存放时间越长，有效氯含量越低，氯酸盐含量越高。我国现行的饮用水卫生标准将氯酸盐和亚氯酸盐列为常规检测指标，并规定亚氯酸盐和氯酸盐含量不得超过 0.7mg/L。

采用次氯酸钠发生器代替漂白粉和次氯酸钠消毒液的最明显优势是，不存在储存和运输上的隐患，随制随用。但因次氯酸钠对电极具有腐蚀性，影响次氯酸钠的产率，更换起来难度较大，但水厂总体建设投资费用较低，安全性较高，适用于中小型给水处理厂。

6.2.1.3　氯胺消毒法

氯胺是在使用氯消毒处理氨氮含量较高的水质过程中，单质氯和水中的胺类物质反应生成的中间产物。其中具备消毒作用的有一氯胺和二氯胺，均通过水解缓慢释放的次氯酸来灭活水中的致病微生物，消毒机理与氯和次氯酸相似，同样产生氯消毒副产物。在比较氯和氯胺消毒时水中卤乙酸生成趋势时发现，处理水样中的卤乙酸含量随原水pH升高而降低。当原水中 Br⁻ 含量增加时，卤乙酸的生成量也随之升高。相比于氯消毒，氯胺消毒的安全性较高。林英姿等发现氯胺消毒时生成的三卤甲烷量相比于氯消毒减少 50％～75％，生成的卤乙酸含量也明显降低，但是会增加水中微生物的不稳定性。唐励文等调查研究发现，氯胺会与水中微生物或天然有机物作用生成有更高致癌风险的亚硝胺类物质，且氯胺生成亚硝胺类物质的可能性更大。Speight 研究认为氯胺消毒也存在微生物的致突变性。氯胺的稳定性好，且生成的消毒副产物总量少，但是消毒杀菌作用较弱，单独使用时消毒效果并不理想，因此经常与高锰酸盐消毒、紫外线消毒等方法联合使用。常在处理水流入市政管网前加入氯胺，利用其稳定持续消毒的特点，维持管网内的余氯量，保证管网内水质稳定性。

6.2.1.4　二氧化氯消毒法

通常认为二氧化氯消毒通过以下 2 个方面实现：

① 利用其强氧化性，穿过微生物的细胞壁氧化生物酶系统，抑制微生物生长发育繁殖；

② 作用于蛋白质，使其分解成氨基酸等小分子物质，或使蛋白质沉降。

但目前对二氧化氯作用于微生物的靶点仍存在争议。张晓煜等实验研究发现在二氧化氯消毒的过程中，大肠杆菌的细胞壁形态发生明显变化，部分细菌细胞壁破裂，菌体细胞质内电解质流出，但是核酸结构没有发生明显改变。韦明肯等实验发现二氧化氯消毒过程中，组成生物核酸结构中的核苷三磷酸含量明显降低，因此推测二氧化氯可能破坏了连接碱基对的共轭键。二氧化氯消毒具体作用对象和消毒机理值得更深入的研究分析。

二氧化氯在水中扩散速度和渗透能力比氯更好，相同质量的二氧化氯、液氯和次氯酸消毒剂，二氧化氯消毒的效率更高，其化学活性不依赖 pH 值。做预处理时，可以减少水质的不良气味，抑制藻类和微生物的生长，去除部分铁锰，只生成微量的 THMs，同时可以氧化酚类物质。相比于氯消毒，二氧化氯消毒产生的副产物微不足道，可在饮用水消毒中广泛使用。二氧化氯还可以杀死隐孢子虫和贾第鞭毛虫卵囊。

实验发现，在使用二氧化氯消毒的过程中虽不产生三卤甲烷等有机副产物，但会产生氯酸盐和亚氯酸盐等无机副产物，同样威胁健康。在二氧化氯消毒过程中，约有70％的二氧化氯转化成亚氯酸盐。二氧化氯处理后的饮用水遗传毒性明显提高。通过沉淀过滤、活性炭吸附法等手段可以去除一定量的前体物。向水中投加适量的硫代硫酸钠或亚铁盐将氯酸盐或亚氯酸盐还原成氯离子，使毒性降低，同时投加亚铁盐还能起到二次絮凝的效果。但是二氧化氯与常见有机污染物的反应机制尚不明确。

二氧化氯为活泼性较强的气体，消毒效率高、效果好，但是储存和运输不便，因此多采用二氧化氯发生器现用现制的方式对饮用水进行消毒，适用于中小型给水处理厂。

6.2.1.5　臭氧消毒法

臭氧是已知可利用的最强氧化剂之一，适用 pH 值范围广，可作用于细菌的蛋白质外壳和多糖，使蛋白质变性失活，改变细胞通透性。还可穿透细菌细胞壁，作用于生物酶系统，破坏核酸等遗传物质，同时能够灭活病毒、芽孢等，氧化分解大分子有机物，起到脱色的作用。低温条件下依然可以取得很好的消毒效果。臭氧杀死隐孢子虫的速度更快，可在 1min 内杀死约 90％的隐孢子虫卵囊。且还原产物为氧气，可以提高水中的溶解氧含量。臭氧溶于水后生成具有强氧化能力的羟基自由基和单原子氧，单原子氧可迅速氧化分解水中的有机物、无机物、细菌和微生物。羟基自由基能使水中有机物发生连锁反应，快速杀灭水中细菌。

李菠运用臭氧做预处理时，发现臭氧和铁锰反应生成絮凝体，可以起到助凝的作用，提高出水水质。但是臭氧较活泼，不具备持续消毒的效果，使用成本高，因此不单独用于消毒，经常配合二氧化氯等消毒技术联合使用。

必须指出，我国饮用水卫生标准中规定溴酸盐含量不得高于 0.01mg/L。当水中含有溴化物时与臭氧反应生成溴酸盐，会增加水中溴酸盐含量。同时臭氧与水中有机物反应生成过氧化物、醛类物质等同样会对人体健康造成威胁。臭氧消毒时生成副产物的机理十分复杂，不仅与水中溴含量有关，同时受臭氧气体的浓度、反应接触时间等因素的影响。张锁娜等在实验室内对臭氧曝气后的处理水加氯消毒，从而确定臭氧的最佳曝气时间。实验发现，臭氧不会使处理水中出现新的有机物官能团，但是会使水中有机物官能团的比例发生变化。取不同曝气时间、不同臭氧浓度处理后的水样加氯消毒后，综合生成消毒副产物的含量和氯的使用效率，得出 5g/h 的臭氧发生器最佳曝气时间为12min。目前对臭氧和有机物的反应机理尚不明确，只有有效避免消毒副产物的生成，才能最大限度地发挥臭氧消毒的优势。

6.2.1.6 高铁酸盐消毒法

近年来，以高铁酸盐为代表的强氧化剂因绿色环保的特点受到越来越多水处理研究人员的关注。高铁酸盐可氧化水中的大分子物质和细胞蛋白质，灭活水中的致病菌和微生物。还原产物 Fe^{3+} 可以水解生成 $Fe(OH)_3$，具有助凝效果，可去除水中的有害病原体和细菌，降低水中悬浮物和重金属离子含量。

在探究不同价态的铁对消毒副产物生成含量的影响时发现，铁和氧化铁会促进有机物水解，提高水中微生物的突变性。铁盐作为常见的给水处理药剂，会使三氯乙腈含量降低，但是会提高三氯甲烷的含量。零价铁具有还原性，能抑制卤乙酸的生成。因此，未来应着重于研究类似于高铁酸盐、一物多效、消毒副产物生成量少、绿色安全环保、不存在二次污染的消毒药剂。

6.2.2 物理消毒法

物理消毒法采用光照等物理手段，改变水中致病菌的遗传物质或灭活生物蛋白质，达到消毒杀菌的目的。

用波长在 200～275nm 范围内的紫外光照射微生物，利用紫外光的光子能量使生物蛋白质变性失活，同时迅速破坏生物的核酸，阻碍微生物生长发育繁殖，以消灭水中致病菌的方法为紫外线消毒法。相比于化学消毒技术，紫外线消毒法既不产生有机副产物，也不产生无机副产物，能够更安全、更快速地消灭微生物，同时可以有效杀死隐孢子虫和贾第鞭毛虫卵囊。紫外线消毒不改变饮用水中的物质成分和水的氧化还原性，因此不会腐蚀管道设备。但是紫外线消毒不具备持续消毒的效果，往往与化学消毒法联合使用以保证处理后的水质稳定性。

紫外线的消毒效果受处理水的浊度、水中离子强度、氨氮含量和紫外光照强度等因素影响。因此，在采用紫外线消毒时，对水的澄清度要求较高。市面上出售的紫外线消毒设备多为浸没灯管式，人工更换难度大，且灯管内的金属汞一旦泄漏，会对处理水造成二次污染。

6.2.3　联合消毒法

上述每种消毒技术都有其使用的局限性，为了充分发挥单一消毒技术的最大优势，通常把两种或两种以上的消毒手段联合起来使用，尽量避免单一技术的缺点。目前，国内外很多饮用水处理厂已经采用联合消毒工艺对饮用水进行消毒。

6.2.3.1　氯-氯胺联合消毒法

利用游离态氯可以在短时间内达到最佳消毒效果的特点，确定氯消毒的最佳作用时间，尽量减少单质氯和水中天然有机物（NOM）反应生成消毒副产物的概率。利用氯胺消毒的稳定持续性，维持处理后管网内的水质稳定。

单独使用氯或氯胺消毒时，应特别注意消毒剂的作用时间。李鑫等探究氯和氯胺消毒对水中微生物的稳定性时发现，消毒剂浓度越高，水中微生物的稳定性越差，越会激发微生物的再生长潜能。

6.2.3.2　氯-二氧化氯联合消毒法

二氧化氯活泼性高，反应速率快，生成副产物含量低，可以弥补氯和氯胺消毒不能杀灭"两虫的劣势"。易芳等研究发现，氯/氯胺-二氧化氯联合消毒技术可明显降低处理成本，同样取得很好的处理效果，值得在实际工程中大力推广。战威等利用氯/氯胺-二氧化氯联合消毒技术处理饮用水发现相比于单一的氯或氯胺消毒，联合消毒技术产生更少的消毒副产物或基本不产生，且消毒效率更高。

6.2.3.3　氯-臭氧联合消毒法

臭氧消毒基本不产生有机副产物、速度快、可有效灭活"两虫"，使用臭氧消毒时应合理控制接触时间和臭氧浓度，避免生成溴酸盐化合物，以取得最佳的消毒效果。郑晓英等以城市污水处理厂二级出水为原水，对比了单独采用次氯酸钠、臭氧和联合使用时消毒后的处理水质。实验结果表明，当有效氯含量相同时，相比单一消毒技术，联合消毒技术可获得更高的大肠杆菌和粪大肠菌群的去除率，三氯甲烷的生成量降低了36.67%，未检出一氯二溴甲烷。因此，在出水微生物指标相同时，相比于单一消毒技术，组合消毒工艺对色度、微生物的去除率更高，次氯酸钠的投加量和消毒副产物的生成量更少。

6.2.3.4 氯/氯胺-紫外线联合消毒法

氯/氯胺-紫外线联合消毒法可明显降低能耗，延长设备的使用寿命，减少消毒副产物的生成，最大限度地发挥二者优势。邹爽等用超声波/紫外线协同氯消毒处理砂滤水，实验发现，组合消毒技术可达到100%的微生物灭活率。在消毒效果相同时，组合技术可减少18%的次氯酸钠投加量，生成DBPs的总量减少了44%。组合消毒技术真正实现了高效消毒和控制消毒副产物生成的两个目标的统一。

6.2.4 微生物失活机理

HC导致微生物失活的机制被广泛认为是机械效应、热效应和化学效应的组合，这些效应会在空泡破裂时对微生物造成致命伤害。机械（或物理）失活效应对细胞具有高度破坏性。包括冲击波、微射流和剪切应力在内的现象会导致细胞膜破裂、细胞活力改变，甚至细胞失活。当损伤较小时，细胞可以修复细胞膜。然而，当损伤超出细胞的自我修复能力时，就会发生致命的声穿孔和溶解。微生物的热失活效应与膜的不可逆变性、营养物质和离子的损失、核糖体聚集、DNA链断裂、必需酶的失活和蛋白质凝固有关。对于传统的热灭活方法，细菌无法在70~100℃或更高温度下存活数分钟。在空化消毒中，坍塌的气泡会诱发数千度的局部热点，从而有效地灭活微生物。就化学效应而言，·OH有一个未配对电子，具有高度氧化性，可以从其他物质中去除一个电子。这是因为微生物重要成分（包括膜表面、脂质和蛋白质）中的巯基和双键可通过链式反应被·OH氧化，导致不可逆损伤。

HC可以破坏细胞膜、细胞质和周质物质、细菌蛋白质和DNA，导致细胞死亡。Balasandram和Harrison使用透射电子显微镜（TEM）观察了经孔板处理的大肠杆菌细胞。空化数C_v从0.36降至0.13时，细胞外壁变得不连续，受损程度更大。发现了细胞碎片和一些部分受损的细胞。此外，还观察到细胞壁碎片和电性细胞质物质团块。在入口压力为1500kPa的孔口处理2500次后，观察到完整的细胞和细胞碎片碎片，这表明与HPH处理不同，完全微粉化很困难。通过显微镜分析，Mezule等发现，HC能有效阻止大肠杆菌的繁殖。一般来说，直接活细胞计数后的细胞长度在$2\sim20\mu m$之间变化。然而，在HC处理后的样本中，长度的变化是有限的：超过三分之二的伸长细胞略高于伸长极限。

谢等没有使用TEM，而是利用原子力显微镜进一步研究了高压射流灭活大肠杆菌和枯草芽孢杆菌的损伤机制。在运行 1（仅摩擦剪切效应）和运行 2（仅碰撞效应）之后，一些大肠杆菌细胞在中间被切割。此外，碎片化的大肠杆菌细胞比完整的细胞短。与摩擦剪切和碰撞效应（分别为 20.65%±3.36% 和 38.98%±4.16%）相比，HC 没有通过裂解显著破坏大肠杆菌（2.01%±0.95%），但诱导了更多的表面损伤（47%±3.65%），导致大肠杆菌细胞的表面和边缘显著扭曲。HC 还可以强烈扭曲枯草杆菌细胞并使其溶解，但摩擦和碰撞对枯草杆菌和其他具有黏液层的细胞无效。

　　HC 会影响蓝藻和微藻，并导致气体空泡塌陷，导致细胞快速沉降。此外，由于细胞内光合结构和膜结构的巨大破坏，藻类生长过程可能受到抑制。Xu 等首次利用透射电镜研究了 HC 对藻类的损害机制。经过 20 次孔口处理后，铜绿微囊藻的超微结构发生了显著变化，包括细胞质和细胞壁分离，蛋白核和中心体被破坏，类囊体膜排列被破坏。此外，Jančula 等在孔板处理后观察到细胞中的气体空泡数量减少。然而，尽管在光学显微镜下观察到 HC（文丘里管）处理的铜绿假单胞菌缺乏气囊，但未检测到对细胞膜的损害。相反，Li 等使用扫描电子显微镜（SEM）观察 HC（孔板）处理期间铜绿假单胞菌形态的变化。与具有完整细胞壁和外胚层的未处理细胞相比，一些细胞在 10min 后高度扭曲；30min 后，几乎所有细胞表面都出现明显破裂；60min 后，细胞解体，细胞内物质丢失。Li 等还指出，HC 导致 zeta 电位急剧下降，藻类细胞之间的排斥力减小，平均颗粒体积增加，沉降性进一步增强。然而，对于气泡阴性藻类，HC 处理效果相对有限。Li 等发现，通过扫描电镜观察，在 HC（孔口）处理 10min 后，小球藻细胞没有明显受损。可能是 HC 产生的自由基太弱，无法有效突破蓝藻防御机制。

　　虽然 HC 对灭活病毒非常有效，但相应的机制尚不清楚。Kosel 等推测，空泡破裂可能会损坏病毒外壳、衣壳蛋白、病毒基因组（核酸）或宿主识别受体，从而导致感染性丧失。应该注意的是，水力空化反应器中产生的高速度梯度会产生摩擦剪切效应。正如 Xie 等所证明的那样，这种对微生物的破坏性远小于 NRHCRs 中的空化，但仍然发挥着不可忽视的作用。剪切力的影响可能在一定程度上有助于提高效率。然而，相应的机制仍不清楚。

　　吴等使用扫描电子显微镜（SEM）观察了经孔板处理前后的大肠杆菌细胞表面形态的变化，如图 6-1 和图 6-2 所示。图 6-1（a）为未经过水力空化系统处理的大肠杆菌，扫描电镜图像显示，大肠杆菌呈现短杆状，末端钝圆，表面微沟结构清晰、均匀。细胞结构完整，菌体饱满，边界清晰，无坑洞和褶皱，细胞壁完整，且细胞膜无破裂的现象。图 6-1（b）的实验条件为：入口压力为 3.0bar，反应总容量为 5.0L。经过水力空化系统处理 30min 后，与未经过处理的大肠杆菌相比，此时大肠杆菌的菌体出现变形现象，菌体的表面和边缘显著扭曲，产生了大量褶皱，能明显看出菌体表面出现孔洞，细胞内容物可能已从中排出。细菌菌体结构完整性丧失，细胞膜破损严重，细菌无法维持正常的生命活动，使细菌丧失活性，导致最终死亡。

　　为了深入考察并探索水力空化对大肠杆菌的作用机理，选择不同比例尺的扫描电镜图像观察水力空化前后细胞表面形态的变化。图 6-1 与图 6-2 的实验条件相同。图 6-2

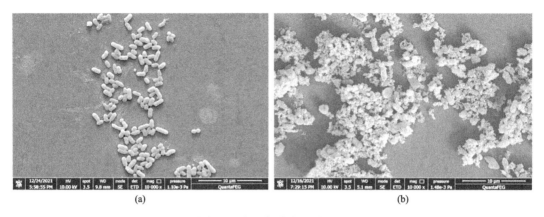

(a)　　　　　　　　　　　　　　　　(b)

图 6-1　水力空化作用大肠杆菌前后对比 SEM 图 （1μm）

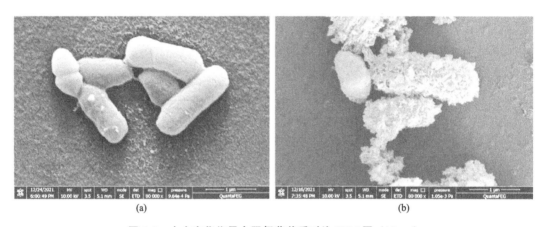

(a)　　　　　　　　　　　　　　　　(b)

图 6-2　水力空化作用大肠杆菌前后对比 SEM 图 （10μm）

（a）为水力空化系统处理前的大肠杆菌，从图中可以看出，单个大肠杆菌菌体完整且体态较短，总体呈现出短杆圆柱态。经水力空化系统处理 30min 后，由图 6-2（b）可知，大肠杆菌细胞大部分已被破碎和分解，无法观察到全貌，仅可以看出个别菌体，而菌体表面出现褶皱且有孔洞，已经丧失活性。此时可以清晰地观察到解体的细胞碎片，细胞结构不再完整，内容物外泄，内容物中含有很多黏附性有机物，包裹着大部分的细胞碎片和仅有的少量变形菌体。

6.3　水力空化对微生物的影响

6.3.1　水力空化对细菌的影响

可以利用不同的空化反应器设计来实现 HC。文丘里管比孔板可以更有效地灭活细菌。与单孔孔板相比，多孔孔板提高了细菌灭活率。在多孔孔板设计中，圆形孔更有效，这是因为每个横截面的孔数较多。Loraine 等观察到，在相同的流速和总开口面积下，不同的孔口几何形状会影响灭活率。较低的空化数与较高的蛋白质释放或失活率有关。增加孔口压力、流速和空化强度会导致失活率增加。Loraine 等、Badve 等和 DalfréFilho 等分别研究了入口压力对灭活率的影响。通过提高入口压力，灭活率会增加，但增加到某一点时，压力进一步升高，失活率开始减少。

此外，细菌灭活的效果可能取决于所用细菌的特性。Cameron 等观察到杆状嗜酸乳杆菌的独特破坏，其中大多数受损细胞已"剪断"细胞尖端。与革兰氏阴性菌相比，革兰氏阳性菌似乎更能抵抗空化。这被认为是由于它们的细胞壁更厚、更坚固。Li 等得出结论，革兰氏阴性细菌的主要破坏目标是外膜，而革兰氏阳性细菌的破坏目标可能是细胞质膜和内部细胞结构。另一方面，Gao 等未观察到基于革兰氏染色、细菌形状或大小的细菌破坏有任何差异。因此，提出细胞壁的厚度可能是导致这一观察结果的原因之一：细胞壁是柔软的，因此可以减弱指向细胞膜的剪切力。

Balasandram 和 Harrison 假设，HC 似乎会选择性地损伤细菌细胞，这种选择性是由于"边界层"中形成了较小的穿孔。由于微射流，它们在细菌的细胞外壁上形成，并导致周质酶从细胞中漏出。此外，他们提出，通过不同的处理次数，可以实现不同的细胞损伤。首先，由于空化装置的机械效应，细胞外膜受损。然后，内质膜发生机械和化学损伤。最后，随着细胞暴露于空化装置的时间延长，可以在细胞外壁上观察到更多的影响。这可能是因为其更大的表面积暴露在介质中。Runyan 等提出了类似的假设，即我们可以扰乱细胞膜，提高亲水大分子的渗透性，就像抗生素一样。

一些文章认为细胞破坏与化学效应有关。作为一种可能的机制，Gashchin 给出了以下解释。细菌失活可能是由于细胞壁和细胞膜的化学不稳定性、化学消毒剂在细胞内的快速渗透、pH 值向碱性侧的变化以及 Fenton 反应产生的·OH。除了空化对细菌失活的化学效应的解释和观察外，Flores 等确定了 H_2O_2 溶液对大肠杆菌的毒性。他们提出，导致细胞成分氧化的不是 H_2O_2 本身，而是由此产生的活性物种。作为一种小分子，H_2O_2 可以通过细胞膜扩散，并在细胞内通过 Fenton 反应转化为·OH。这些反应是否发生取决于细胞内超氧离子和 Fe^{2+} 的存在和数量。Flores 等讨论了活性氧的主要攻击部位是细菌外层，即肽聚糖层、脂多糖层和磷脂双层。他们提出了一个模型来描述 H_2O_2 消毒细菌的机理。在细胞壁上的第一次·OH 攻击之后是第二次·OH 攻击，这导致细胞外层完全破坏，并由所有细胞成分形成裂解物。

6.3.2 水力空化对酵母菌和真菌的影响

对于 HC，Balasandram 和 Harrison 表明空化数影响可溶性蛋白质和胞外酶的释放，但不影响胞质酶的释放。他们认为，较低的空化数效果更好，因为它会形成更强烈的空化条件。Iida 等和 Zhang 等表明，随着初始细胞浓度的增加，释放的蛋白质数量减少，因为每个细胞可用的空泡数量减少。Wu 等表明，释放的成分总量随着浓度的增加而增加，但与体积无关。Apar 和 Özbek 发现空化效率和细胞浓度之间没有相关性。而 Balasandram 和 Harrison 表明，存在最佳细胞浓度。

Iida 等讨论了细胞壁的强度可能通过空化过程中释放的能量在细胞对破坏的敏感性中发挥重要作用。但目前还没有一种明确的细胞破坏机制。Balasandram 和 Harrison 认为，空化只影响细胞壁结合酶和周质酶（即胞外酶）的释放。他们假设，在这种情况下，细胞壁破裂是空化（如微射流和冲击波）的机械效应的结果，而空化会导致细胞壁的径向运动。由于这些作用，细胞壁上形成了较小的孔洞，导致仅释放周质成分，而不释放较大的细胞内大分子。Cameron 等也观察到了同样的细胞壁穿孔，他们同样也提出了机械效应是主要原因。类似地，Iida 等讨论了空化的机械效应和微生物细胞的强度是如何相互关联的，只有当酵母细胞接近空泡时才会发生破裂。

一些研究人员还利用扫描电镜和透射电镜观察了 HC 降解时酵母菌的变化。Balasandram 和 Harrison 只观察到局部细胞壁损伤，而没有观察到细胞完全破坏。Cameron 等观察到细胞碎裂、内部损伤、细胞壁不均匀、许多细胞缺乏内容物以及细胞微观结构受损。Wang 等假设，活性物种如·OH 的形成是触发细胞壁、细胞膜和 DNA 等细胞成分中的链式氧化反应，最终导致酵母细胞失活的原因。

6.3.3　水力空化对微藻的影响

微藻是由蓝藻、硅藻和单细胞藻类组成的一类光合微生物。微藻通常容易失活。在 HC 的情况下，较高的进口压力会产生更好的结果。这是因为更高的入口压力会形成更多的气泡和更剧烈的气泡崩塌。然而，关于空化数对效率的影响，存在相互矛盾的结果。Wu 等认为，在空化数增加的情况下，破坏程度更高。他们将空化数归因于更高的湍流。Batista 等和 Xu 等则认为，随着空化数的减少，效率会提高。

一些研究人员还对微藻的初始浓度和空化效率之间的关系进行了研究。Xu 等表明，较低的初始浓度会产生更好的空化效果。Kim 等观察到，在稀释样品中，由于细胞与空化气泡之间的相互作用减弱，因此对细胞的损伤较小。Greenly 和 Tester 表明浓度不起重要作用，但假设样品的体积可能对空化效率很重要，并得出，在最初的几秒钟内，微藻细胞的破碎率最高。

Wang 等提出，当他们确定微绿球藻和栅藻的不同敏感性时，细胞的大小、形状或结构都可能在微生物的破坏中发挥重要作用。细胞壁结构和空化效率之间可能存在一定的相关性。Greenly 和 Tester 观察到唯一似乎不受空化影响的微藻是凯斯勒小球藻和绿球菌。细胞壁成分是否是微生物易受空化破坏的决定因素，应进行更深入的研究。大多数研究发现，蓝藻的破坏在某种程度上与气体空泡的破裂有关，这也与以前的文献一致。随着气泡破裂，蓝藻失去了漂浮的能力，开始下沉到底部。光照不足最终导致它们的死亡。

许多研究人员还利用扫描电镜和透射电镜测定了 HC 降解时微藻的变化。Rajasekhar 等观察到断裂的细丝，这些细丝可以抑制鱼腥藻和蓝锥虫的生长。Halim 等在显微镜下没有观察到氯藻的变化。Xu 等观察到铜绿假单胞菌的几个关键变化。细胞内层发生变化，细胞质与细胞分离，细胞中心类囊体膜凝结、排列紊乱，囊泡破坏。Li等观察到细胞表面光滑，细胞外有机物剥离，30min 后细胞破裂，60min 后细胞解体。他们还观察到细胞上有明显的凹陷，表明气体空泡被破坏。Batista 等观察到栅藻不可逆的形态损伤，以及细胞壁损伤、空洞形成和漂浮部分的损失。

关于自由基是否有助于微藻细胞的破坏，文献中也存在不一致之处。Zhang 等将自由基清除作为一种可能的机制，因为添加自由基清除剂不会改变其结果；而 Wang、Batista 和 Xu 等将细胞的减少归因于形成的自由基增多。Li 等观察到自由基数量与微藻破坏之间的相关性，这种相关性始于·OH 浓度高于 $1\mu mol/L$ 时，并首次证明 HC 期间形成的自由基可能会对微藻细胞产生影响。然而，文献中有关于单独使用不同氧化剂破坏微藻的数据。H_2O_2 已被证明对蓝藻、单细胞藻类和硅藻有负面影响。Drabkova 等确定了 H_2O_2 对光合系统的负面影响。

6.3.4　水力空化对病毒的影响

截至目前，关于水力空化处理病毒的文献报道较少，2017 年，Janez Kosel 等报道了首例相关研究。该研究准确量化了水力空化对噬菌体 MS2（一种诺如病毒替代物）感染性的影响。他们分别基于微型和放大型水力空化（HC）消毒装置，如图 6-3、图 6-4 所示，使用 3.0mL 的微型水样品和 1.0L 病毒悬浮液作为研究对象。

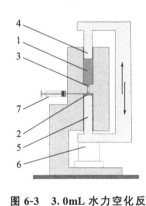

图 6-3　3.0mL 水力空化反应器的设计方案及工作原理

1，2—蓄水池；3—孔板区域；4，5—活塞；6—马达；7—注射器

图 6-3 展示了微型水力空化消毒装置。其主要部分为 2 个 3.0mL 的蓄水池（图 6-3 中 1 和 2），由一个单孔孔板上下相连，该孔板的直径是 0.2mm，长度为 2.0mm（图 6-3 中 3），这种微型区域产生的水力空化方式类似于文丘里管的收缩区。由 2 个活塞（图 6-3 中 4 和 5）将水样从一个蓄水池推入另一个蓄水池。在这一过程中，3.0mL 水样流过孔板，从一个蓄水池进入另一个蓄水池，大约需要 3s。经过孔板收缩区的进口压力约为 5bar，流速提升至大约 31m/s，形成压降并引发后续的空化作用。经过计算，该过程的空化数大约为 1.03。剪切率约为 $1.5\times10^5 s^{-1}$。中间的孔板区域由丙烯酸玻璃制成，这种透明材料便于高速照相机捕捉水力空化的瞬时影像。由一台线性马达（图 6-3 中 6）驱动活塞推动液体以同步的方式流经孔板区域，即一个活塞反向推动流体，另一个退回以制造吸力。

水力空化反应器的操作是自动化的，因此，它可以通过预设的方式限定样品通过孔板的次数。通过注射器（图 6-3 中 7）将悬浮水样注射进入水力空化反应器。在每个取样时间点，反应器需要被彻底清空，水样被移至注射器，之后，悬浮水样（1.8mL）与 4 倍浓缩的噬菌体储存缓冲液（0.6mL）混合，在 −80℃下储存。该缓冲液成分为：氯化钠 400mmol/L、七水合硫酸镁 32mmol/L、三（羟甲基）氨基甲烷 200mmol/L（pH

值为 7.5，1mol/L）以及明胶 0.04%。缓冲液中使用的明胶有助于稳定噬菌体颗粒，而添加氯仿可阻止细菌生长而且不对噬菌体造成任何伤害，来维持噬菌体原液的无菌性。

图 6-4 展示了放大型水力空化反应器。它的功能和图 6-3 的反应器非常相似，区别是，推动液体经过收缩区的不是活塞，而是压缩空气。反应器的主要结构是两个蓄水池，以及一个对称型的文丘里管式收缩区域（高 1mm、宽 5mm）。这个收缩区域连接着两个蓄水池，同样是由丙烯酸玻璃制成（通过高速照相机观测水力空化过程）。此外，还配有一个三通阀，可自动控制压缩空气在两个蓄水池之间的流动情况。

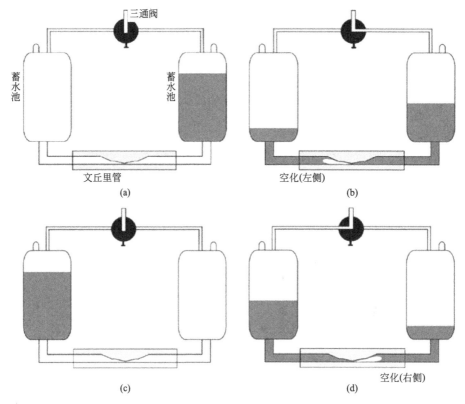

图 6-4　放大型（1L）水力空化反应器方案、运行原理及气液相循环过程

在反应器运行前，水样（1L）被引入右侧蓄水池，同时，左侧蓄水池为空。通过开启三通阀，右侧蓄水池被充气加压（初始压力达到 7bar），这驱使水样通过收缩区域流入左侧蓄水池（此时左侧蓄水池维持在常压，即 1bar）。1L 水样从一个蓄水池流入另一蓄水池需要 7.5s 时间。该过程中，流过收缩区域的进口压力为 6bar，流速增加至 27.0m/s，造成局部静压压降从而引发水力空化 [图 6-4（b）]。水力空化强度由空化数来评估，约为 1.5，剪切率均为 $2.7 \times 10^4 s^{-1}$。当右侧蓄水池为空时，三通阀转动，将压缩空气流入左侧蓄水池，这驱使水样重新流入右侧蓄水池，再次引发收缩区域的水力空化。

每次取样时，取出 10mL 悬浮水样，其中 9mL 与噬菌体储存缓冲液（3mL）混合，在－80℃下储存。这种方法可成功取样，避免了被困死角区域的样品收集，也就是说，避免了取样管内部的盲区，因为这些区域的水样无法完全通过水力空化设备。

对图 6-3 的微型孔板结构水力空化装置（3.0mL）中水力空化发生过程进行了记录，记录照片如图 6-5 所示。在用高速摄像机以 20000 帧/s 的速率拍摄的空化影片中，整个拍摄序列为 0.2ms［图 6-5（a）］。为了更好地理解，Janez Kosel 等在文中详细说明了收缩区域中的空化动力学［图 6-5（b）］。由于孔的尺寸很小，流量的局部速度很高（31m/s），因此影像质量较差。然而，它们充分证实了水力空化的发展及其动力学。

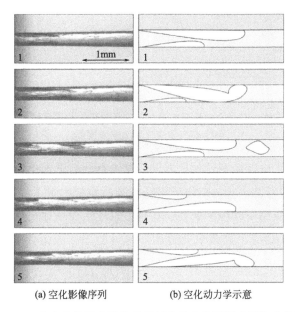

(a) 空化影像序列   (b) 空化动力学示意

图 6-5 微型 3.0mL 水力空化反应器收缩区域内的空化影像序列和空化动力学示意图

当水样进入孔板收缩区域时，空化泡首先出现（由于背光照明，气泡在影像中显示为深色）。空化泡逐渐向孔端增长，变得不稳定（图 6-5 第 1 帧和第 2 帧）。此时，在空化的结束阶段，附着的空化泡开始撕裂（图 6-5 第 3 帧），并在不久后剧烈塌陷，导致冲击波抑制附着空化泡（图 6-5 第 4 帧）。在这一点上，一个新的空化泡开始形成，并且该过程不断重复（图 6-5 第 5 帧）。

对于放大型水力空化反应器（1L），文丘里管的典型空化结构动力学如图 6-6 所示。水从左向右流动，连续影像帧之间的时间步长为 1/6000s［图 6-6（a）］。整个拍摄序列约 1ms。

空化首先出现在收缩区域的下游，即文丘里管截面的喉部（图 6-6 的第 1 帧），然后逐渐增大，直到空化云开始与所附空化泡分离（图 6-6 的第 5 帧）。之后，空化云被气流带到一个高压区域，它在此处剧烈坍塌，产生冲击波（图 6-6 的第 8 帧）。冲击波抑制了附着的空化泡，导致空化泡几乎消失了，但它很快就恢复了。然后以大约 1kHz 的频率周期性地重复这个过程。

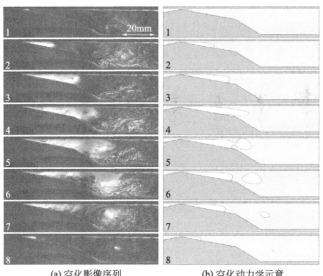

(a) 空化影像序列   (b) 空化动力学示意

图 6-6　放大型水力空化反应器（1L）文丘里管收缩区域中的空化影像序列和空化动力学示意图

实验结果表明，无论是微型还是放大型装置，都有效引发了水力空化效应，有效降低了噬菌体 MS2 的感染性。水力空化过程将病毒传染性降低了 4 个对数以上，从而证实了水力空化在消毒应用中的可扩展性。在杀菌机理层面，他们认为，水力空化产生的羟基自由基（·OH）形成了高级氧化过程，这可能破坏噬菌体表面的宿主识别受体，同时，水力空化过程中形成的空化泡破裂后带来的高剪切力，会造成额外的噬菌体结构损坏。对于含有较低初始病毒滴度且浓度与真实水样中发现的相似浓度的悬浮液，水力空化的有效消毒性能更高。

Arijana 等研究了水力空化对马铃薯 Y 病毒（PVY）的消杀效果。他们使用类似 Janez Kosel 等文中提到的放大型文丘里管式水力空化反应器，以 1.0L 病毒悬浮液作为研究对象，见图 6-7。该反应器包括一个对称的文丘里管收缩区域［图 6-7（a）中间区域］，它与两个相同容量的容器（每个容量为 2L）相连，并由它们之间的压差提供流体流动的动力。加压空气将样品从一个容器推到另一个容器（水样在某一方向上通过文丘里管需要 6s，文丘里管尺寸为 1mm 高和 5mm 宽），而水力空化在文丘里管位置形成。这样，无论哪种方向，由于文丘里管的对称收缩结构，水样都暴露在相同的空化条件下。整个 1L 体积的水样沿一个方向通过文丘里管，该过程被定义为一次水力空化通过次数（Np）。两个容器之间的压差保持在 7bar。这些条件用于实验 5（正常水力空化实验）。在实验 6（对比实验，无水力空化效应）中，文丘里管收缩区被一个具有防止水力空化形成的几何形状的通道所取代，并且压差降低到 1.2bar。

在没有病毒的水样中，高速摄像头收集了在文丘里管区域的水力空化（HC）可视化照片（见图 6-8）。水力空化在水样中的可视化序列影像（a）和水力空化在其他类型水样中出现的可视化序列影像：水样中含有 960μL/L 的甲醇（b）或 100μL/L 的糠醇

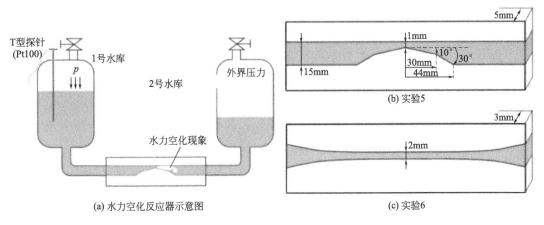

图 6-7　类似 Arijana 等的水力空化反应器示意图与实验 5（水力空化实验）和实验 6

（c）。左侧代表在水样中形成的典型水力空化序列影像，可以观察到空化云的周期性脱落。从 0～3ms 属于空化云的增长阶段，3ms 时空化云达到其最大尺寸，3～5ms 开始塌陷。在 5ms 的时间范围内可以看到独立的空化云。图 6-8（b）和图 6-8（c）代表了在含有淬灭剂的水样中，空化泡达到最大尺寸时，形成的典型水力空化照片，对应于没有淬灭剂的水样中 3ms 时的水力空化可视化照片图 6-8（a）。在有或没有淬灭剂的水样中，未观察到水力空化影像之间的主要差异。

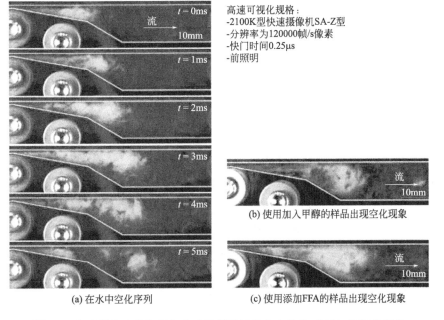

图 6-8　高速摄像头收集了在文丘里管区域的水力空化（HC）可视化照片

　　考察了水力空化过程中化学效应的影响。通过向水样中添加淬灭剂甲醇或糠醇，分别淬灭整个过程中产生的羟基自由基或单线态氧活性基团。可视化摄像技术显示，是否添加任一淬灭剂，对整个水力空化的视觉观测结果，无明显区别。此外，通过开展生物透射电镜（TEM）、反转录酶-聚合酶链反应（RT-PCR），观测水力空化过程对病毒微观结构的影响。

还研究了水力空化如何影响不同病毒组分。通过 TEM 观察 HC 处理后马铃薯病毒 Y（PVY）颗粒形态的变化（见图 6-9）。在所有实验中，PVY 在实验开始时受到的损伤较小，随着 Np 的增加，对病毒颗粒的损伤变得更加明显，观察到碎片和损伤。在所有样品中都观察到病毒颗粒表面的小圆形结构，这在正常的 PVY 样品中通常观察不到。由于它们的丰度随着 Np 的升高而增加，因此它们可能与 PVY 损伤有关。TEM 结果中观察到的病毒颗粒降解随着 Np 的增加而增加，这与感染性测定结果一致。在 Np＝500 次处理的样品中，很难观察到病毒颗粒；仅看到损伤的病毒部分或其他伪影。在处理 Np 小于 500 次的样品中，用测试植物确认失活，通过 TEM 未观察到病毒颗粒或明显受损的病毒。在病毒仍然具有传染性的低 Np 样本中，通过 TEM 观察到未受损的病毒和具有不同明显损伤的病毒。未经水力空化处理的实验 6 对病毒完整性没有影响。TEM 结果清楚地证实水力空化破坏了病毒衣壳的完整性，即 PVY 的外蛋白层。

在未经处理的样品中观察到的完整病毒数量最多 [图 6-9（a）和图 6-9（d）]。随着水力空化通过次数（Np）的增加，如 Np＝125 次 [图 6-9（b）和图 6-9（e）] 和 Np＝250 次 [图 6-9（c）和图 6-9（f）]，病毒损伤更加明显。在 Np＝500 次之后，没有观察到病毒毒株，只有一些可能与病毒损伤有关的伪影图 6-9（g）。添加淬灭剂糠醇 [图 6-9（d）～图 6-9（g）] 对病毒形态没有影响，因为观察到的病毒降解类似于没有淬灭剂的实验 [图 6-9（a）～图 6-9（c）]。在对比实验 6 中，病毒的数量没有随着 Np 的增加而改变，并且在 Np＝500 次 [图 6-9（h）] 之后仍然存在许多完整的病毒。在图 6-9（h）中，病毒颗粒呈阳性染色，被视为黑色细丝。

PVY 病毒体构建单元的完整形式对于保持其病毒感染性至关重要。PVY 和所有病毒一样，通常需要未损坏的遗传物质以及完整的蛋白质衣壳才能在宿主细胞中成功感染和复制。遗传物质受损的病毒可以进入靶细胞，但不能复制，因此对宿主生物体没有威胁。

评估了水力空化是否会影响病毒的 RNA 损伤（见图 6-10），使用了 RT-PCR 扩增了覆盖病毒 RNA 不同部分的四个区域。在 Np＝500 次后观察到少量 RNA 损伤。在对比实验中，没有观察到 RNA 损伤，表明损伤仅是由于水力空化处理。由于病毒颗粒损伤随着 Np 的增加而增加，而 RNA 损伤仅在一些长时间的水力空化处理中观察到，RNA 损伤似乎先于衣壳完整性的破坏，这可能使病毒 RNA 不受保护并且易于受到水力空化效应的影响。

如果在选定的 Np 后四个条带中至少两条有明显变化，则 RNA 被标记为损伤，这基于该条带与初始时间点（0）的条带相比较的结论。在 500 次水力空化通过后的情况，可观察到基因 P1 和 P3 的轻微损伤。

这些实验结果表明，在经过 500 次 HC 后，PVY 病毒感染植物的能力消失，这相当于在 7bar 的压差下处理 50min。在某些情况下，125 次或 250 次的较短处理次数也足

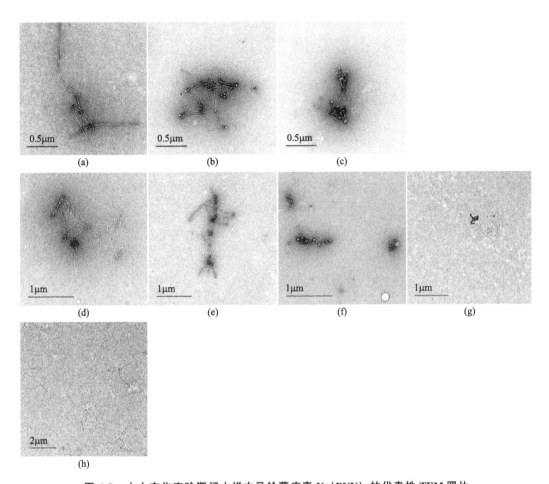

图 6-9　水力空化实验期间水样中马铃薯病毒 Y（PVY）的代表性 TEM 照片

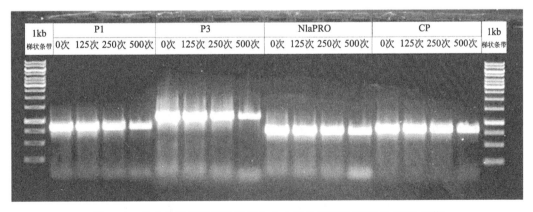

图 6-10　代表性琼脂糖凝胶显示在水力空化处理后 PVY 的 RNA 损伤

以灭活病毒。通过 TEM 和 RT-qPCR 方法观测到，水力空化处理破坏了病毒颗粒的完整性，这也导致了病毒 RNA 的轻微损伤。机理层面能上，HC 过程中涉及的活性物质，包括单线态氧、羟基自由基和过氧化氢，并不是 HC 处理 PVY 过程中失活的主要原因，这表明机械效应可能是病毒失活的驱动力。

6.4   处理条件对水力空化性能的影响

6.4.1   处理温度的影响

液体温度是决定空化强度的基本参数。温度还会影响流体的黏度、蒸气压、表面张力和溶解气体含量。所有这些都会影响空化气泡的形成，以及气泡半径和寿命。随着温度的不断升高，空化强度首先增加，然后在达到 50～70℃ 范围内的峰值温度后降低。这是因为高温会产生过多的气泡，并导致较低的坍塌能量释放。在 HC 处理过程中，由于水力空化反应器（HCR）产生的空化热效应，整体温度持续升高。对于产生低空化强度的非旋转型水力空化反应器（NRHCRs），不利于消毒，因为温度上升缓慢，并且由于产生的热量有限，不会达到足够高的值。因此，大多数研究人员选择使用额外的冷却系统来维持较低的处理温度（通常低于 30℃），以防止多余的热效应"干扰"消毒。在没有温度控制的研究中，例如谢等人进行的研究，HC 的消毒率小于 30%。

在大多数 HC 消毒研究中，处理温度对微生物的消毒效果被忽略，因为传统的HCR 不能产生足够的热量进行灭活。大多数研究人员认为，处理温度具有负面影响，或仅起辅助作用。

根据之前的研究，发热率和热效率是 HCR 的重要参数，因为温度在消毒和有机物降解中起着重要作用。发热率代表达到临界温度所需时间的处理效果和时间效率，而热效率代表耗电的经济性。更高的热效率还意味着废热回收装置可以回收更多的电能，回收的热量可以用于预热或作为热源。此外，热效应是空化产生的最直接表现。因此，通过热性能评估 HCR 的特性是很方便的。这表明，与需要更复杂方法和设备的化学（·OH 生成）或振动（频率和振幅）特性不同，简单的温度计足以测试特定 HCR 的性能。

应该注意的是，液体黏性耗散也会产生热量。它对发热率的贡献不容忽视。此外，加工液体的外部加热/冷却可能会影响热性能，尤其是长期运行。需要进行调查以评估和消除这些影响。

6.4.2   出口压力/入口流速的影响

下游的局部静压会下降到局部饱和压力以下，并出现初始空化。压力的进一步降低会提高喉部速度，因此，通过 HCR 后，低压分离区域更宽，湍流强度更高，所有这些都有利于空化气泡的产生。空化强度可以在没有过多能量输入的情况下大大增强，从而产生有效工作区。吴等通过实验证明，利用孔板作为水力空化反应器，设置入口压力分别为 1bar、2bar 和 3bar 时，进行大肠杆菌的杀灭实验。结果如图 6-11 所示。可以看出随着压力的增加，大肠杆菌的杀灭率也在增加。

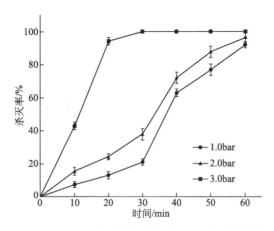

图 6-11 入口压力对水力空化杀灭大肠杆菌的影响

曹月娇等也证实了这一趋势。曹等利用文丘里管作为水力空化反应器，当入口压力从 1bar 增加到 3bar 时，大肠杆菌的杀灭率从 33.41％增加到 77.78％。

由于 NRCHRs 的喉部较窄，且产生的空化气泡数量随着压降的增加而增加，但进一步提高空化强度将变得越来越困难。因为在这个过程中，需要巨大的能量输入，当流量最终达到一定值时，增加上游压力或降低下游压力将不再增加流量，气泡的形成足以限制流经装置的流量，从而导致节流气蚀；空化强度或流速在此点达到峰值。在此过程中，HCR 在非有效工作区运行。与有效工作区相比，在能耗相当大的情况下，几乎无法实现消毒功能的增强。例如，Jain 等报告称，通过压降为 2bar、能耗为 0.0158kW • h 的孔板去除了 97.3％的大肠杆菌。当压降增加到 10bar 时，在相同的处理时间内，仅以 11 倍的能量（0.176kW • h）去除了 2.2％的大肠杆菌。除成本外，在非有效工作区中运行还会造成严重的腐蚀、噪声和振动，导致设备损坏和寿命周期缩短。因此，在日常操作中应避免。

6.4.3 旋转速度的影响

转速对 ERHCRs 的空化强度有显著影响。切向速度是转速和半径的乘积。转速越高，撞击圆盘不规则几何形状的水的切向速度越高。因此，可以获得更高的湍流强度和更低的静压。当局部压力降至饱和蒸气压后，就会出现气穴现象。这种效应的一个例子可以在 Milly 等的研究中找到。当转速从 3000r/min 增加到 3600r/min 时，反应器中的能量损失减少了 65％，热效率提高了 40％。因此，在更高的转速下可以获得更好的消毒效果。Jyoti 和 Pandit 观察到，在高速旋转条件下，当转速分别为 4000r/min、8000r/min 和 12000r/min 时，井水中的细菌消毒率分别为 3.7％、61.5％和 96％。然而，提高转速也会产生不利的噪声、振动和附加阻力，从而增加电气输入需求。在有效工作区中，可以通过进一步提高转速来提高热效率，直到达到一个临界值，在该临界值下，热量生成率和电力消耗率达到平衡。进一步提高转速将破坏平衡，热效率将降低。

旋转 HCR 在非有效工作区中运行，空化强度的任何增加都需要巨大的成本，并且会发生旋转节流。

6.4.4 化学添加剂的影响

通过添加各种氧化剂，HC 处理可以显著改善，这不仅会导致目标污染物的氧化损伤，而且还会增加高活性·OH 的生成率。大量 HC 降解研究通过使用 H_2O_2、O_2、O_3、过硫酸盐、ClO_2 和 Fenton 试剂，证实了这种协同作用。

曹月娇等利用文丘里管作为水力空化反应器与氧化剂联合进行大肠杆菌的杀灭实验，采用循环次数为 5 次，入口压力为 3.0bar，大肠杆菌悬液浓度选用 10^7 CFU/mL，并在 OD600 辅助下选用对数增长期的菌种。分别加入 H_2O_2、$K_2S_2O_8$ 和 NaClO 三种不同的氧化剂 10mg/L，同时设置一组对照实验，在水力空化五个周期内反应。计时结束后通过平板计数法、显微镜观察和紫外-可见分光光度计等方法探究水力空化处理后大肠杆菌的数量。随后，重新设置三组实验，在水力空化处理之前的菌悬液中加入同等量的氧化剂，观察其与单独水力空化对大肠杆菌的不同影响，探究水力空化和氧化剂的联合作用。

（1）H_2O_2 对水中大肠杆菌的去除效果研究

在之前研究中经过 5 个循环的单次水力空化处理后，最高的大肠杆菌去除率为 77.78%。单独用 10mg/L 的过氧化氢处理细菌废水相同的时间，大肠杆菌的去除率为 54.83%。同时间内水力空化效果比过氧化氢处理效果更好的原因可能是，水力空化过程产生的高速水射流对菌悬液本身起到了搅拌作用，而过氧化氢添加后，短时间内混合不充分，氧化剂只与其中的一部分细菌发生氧化作用。

（2）$K_2S_2O_8$ 对水中大肠杆菌的去除效果研究

单独用 10mg/L 的 $K_2S_2O_8$ 处理细菌废水相同的时间，大肠杆菌的去除率为 47.21%。同时间内水力空化效果比 $K_2S_2O_8$ 处理效果更好的原因可能是，水力空化过程产生的高速水射流对菌悬液本身起到了搅拌作用，而 $K_2S_2O_8$ 添加后，短时间内混匀不足，氧化剂只与其中的一部分细菌发生氧化作用。对比上述（1），发现其他条件相同时，H_2O_2 对微生物的作用效果略强于 $K_2S_2O_8$。

（3）NaClO 对水中大肠杆菌的去除效果研究

单独用 10mg/L 的 NaClO 处理细菌废水相同的时间，大肠杆菌的去除率为 45.32%。同样的时间内，最终有将近一半大肠杆菌被杀灭，除了无法完全混匀的原因之外，NaClO 氧化性不足以杀灭所有的大肠杆菌细胞。

6.4.5 处理时间的影响

在 HC 降解过程中，增加处理时间可以形成稳定且有毒的有机副产物，处理时间对有效性和成本的影响是 HC 消毒中的两个主要问题。一般来说，大多数消毒研究表明，由于 HCR 的次数增加，持续处理时间更长会产生更好的处理效果。吴倩倩等人在实验入口压力为 3.0bar，溶液初始 pH 值为 7.0，将大肠杆菌的初始浓度都控制在 10^6 CFU/mL 数量级，反应总容量为 5L 时，进行实验。如图 6-12 所示，绘制了在相同实验条件下，不同种类的孔板对大肠杆菌的杀灭率随时间变化的折线图。结果表明，在相同的实验条件下，8 种不同的孔板对大肠杆菌的杀灭率都随着时间的延长而增加，因此延长空化时间，大肠杆菌的杀灭效果会得到提升。此种情况的出现，可能是因为，空化反应时间的长短，决定了含大肠杆菌废水所受系统空化处理的次数，运行时间越长，含大肠杆菌的废水所受空化处理的次数越多，同时·OH 的浓度增加，含大肠杆菌的废水与·OH 接触反应的机会增多，所以杀灭率提高。

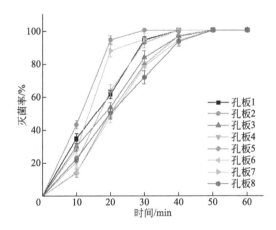

图 6-12 空化时间对水力空化杀灭大肠杆菌的影响

然而，当浓度降至极低值时，杀菌率不受处理时间的影响。因此，并不是消毒时间越长消毒效率越高，确定特定 HCR 和最佳消毒时间非常重要。对于处理条件不合适的情况，消毒效果可能会随着时间的延长而恶化。Šarc 等给出了一个具有代表性的例子。在附加 HC 条件下，经过 60 次处理后，大肠杆菌的 log10［浓度(CFU/mL)］从 7.89 增加到 8，最后在 120 次处理后达到 7.97，这表明 HC 处理后大肠杆菌的数量增加了 17%。

6.4.6 大肠杆菌初始浓度的影响

在处理废水的实际情况中，污染物的浓度不可能统一。吴倩倩等利用孔板作为空化反应器，设置不同的大肠杆菌初始浓度，分别为 $3.2×10^5$ CFU/mL、$6.9×10^6$ CFU/mL 和 $1.7×10^7$ CFU/mL。在实验溶液初始 pH 值为 7.0，入口压力为 3.0bar，反应总容量为

5L 的条件下，进行实验。实验结果如图 6-13 所示。当初始浓度为 3.2×10^5 CFU/mL 时，大肠杆菌在 20min 时几乎被全部杀灭；当初始浓度为 6.9×10^6 CFU/mL 时，大肠杆菌在 30min 时几乎被全部杀灭；当初始浓度为 1.7×10^7 CFU/mL 时，大肠杆菌在 50min 时几乎被全部杀灭。明显可以看出，大肠杆菌的杀灭率由高到低分别为 3.2×10^5 CFU/mL、6.9×10^6 CFU/mL 和 1.7×10^7 CFU/mL，初始浓度越低杀灭率高。且在水力空化系统任意相同循环时间点都遵循此规律。说明大肠杆菌初始浓度对大肠杆菌的杀灭效果有很大影响。

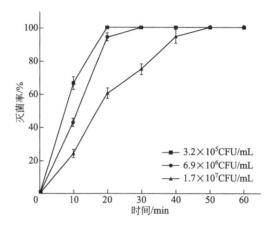

图 6-13　大肠杆菌初始浓度对水力空化杀灭大肠杆菌的影响

这可能是因为，在相同的空化泡数量下，含大肠杆菌的废水浓度越低，受到空蚀的大肠杆菌所占的比例越高，所以杀灭率越高。初始浓度为 3.2×10^5 CFU/mL、6.9×10^6 CFU/mL 的大肠杆菌溶液达到几乎完全灭菌所需要的时间短，初始浓度为 1.7×10^7 CFU/mL 的大肠杆菌溶液达到几乎完全被杀灭的时间较长，这可能是因为随着菌数的增加，使细菌更易结块，外部微生物在菌块周围起保护屏障的作用。但是通过延长空化处理时间，同样可以达到完全灭菌的目的。

6.4.7　初始 pH 值的影响

pH 值作为污水的固有特性，会随着季节的不同发生变化，从而引起水力空化消毒效率的波动。吴倩倩等利用孔板作为水力空化反应器，研究了不同 pH 值对水力空化杀灭大肠杆菌的影响。采用 pH 为酸性、中性和碱性，pH 值分别为 5.1、7.0、8.4。实验参数为：入口压力为 3.0bar，大肠杆菌初始浓度为 6.1×10^6 CFU/mL，反应总容量为 5L。实验结果如图 6-14 所示，不同 pH 值的大肠杆菌杀灭率均随着循环时间的延长而增加。当 pH 值为 5.1 时，水力空化系统循环 20min 时，大肠杆菌的杀灭率为 97.3%；当水力空化系统循环 30min 时，大肠杆菌几乎全部被杀灭。当 pH 值为 7.0 时，水力空化系统循环 20min 时，大肠杆菌的杀灭率为 94.2%；当水力空化系统循环 30min 时，大肠杆菌几乎全部被杀灭。当 pH 值为 8.4 时，当水力空化系统循环 30min

时，大肠杆菌的杀灭率为 78.4%。虽然 pH 值为 8.4 时，大肠杆菌杀灭率低，但可以通过延长处理时间的方法，使其杀灭率得到提高，在循环 60min 时，大肠杆菌几乎全部被杀灭。并且在任意循环时间点，各个水力空化系统条件下的灭菌率从高到低依次为：pH＝5.1、pH＝7.0、pH＝8.4。其中，在 pH＝5.1 时，大肠杆菌的杀灭效果最优。结果表明，酸性条件有利于水力空化杀灭大肠杆菌，且碱性环境对水力空化消毒反应的抑制作用最大。

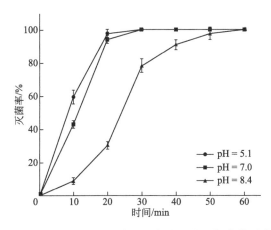

图 6-14　初始 pH 值对水力空化杀灭大肠杆菌的影响

这可能是因为，氢离子（H^+）促进了 $\cdot O_2^-$ 向 H_2O_2 转化，H_2O_2 是一种强力且相对稳定的消毒氧化剂，在水力空化体系中加入强氧化剂 H_2O_2 可以大幅提高杀菌效率，但随着 pH 值的增加，H_2O_2 会形成 $HO_2\cdot$，可以清除 $\cdot OH$ 活性物质，从而抑制对大肠杆菌的杀灭效果。但是，由于 pH 值分别为 5.1 和 7.0、循环 20min 时，两者对大肠杆菌的杀灭率差别不大，仅为 3.1%，且循环 30min 时，两者对大肠杆菌几乎都达到完全的杀灭效果，所以出于对设备的保护，进一步实验采取 pH 值为 7.0。

6.4.8　共存无机阴离子的影响

在污水处理的实际情况中，通常会含有一些无机阴离子，例如 NO_3^-、PO_4^{3-} 和 CO_3^{2-} 等，它们的存在或许对水力空化杀灭大肠杆菌的效率存在一定的影响。吴倩倩等利用孔板作为水力空化反应器，分别在水力空化系统中加入 5mg/L NO_3^-、PO_4^{3-} 和 CO_3^{2-}，研究其对大肠杆菌杀灭效果的影响。实验参数为：入口压力为 3.0bar，大肠杆菌初始浓度为 3.1×10^6 CFU/mL，pH 值为 7.0，反应总容量为 5L。

如图 6-15 所示，在对于含有 NO_3^-、PO_4^{3-} 和 CO_3^{2-} 的水力空化体系中，大肠杆菌的杀灭率均随着循环时间的延长而增加。对于不含任何无机阴离子的水力空化体系，连续处理 30min 时，大肠杆菌几乎全部被杀灭。对于含有 NO_3^-、PO_4^{3-} 和 CO_3^{2-} 的水力空化体系，连续处理 30min 时，大肠杆菌的杀灭率分别为 76.3%、43.2% 和 60.6%，与不含任何无机阴离子的水力空化体系相比，大肠杆菌的杀灭率分别降低了 23.7%、

56.8％和39.4％，但适当延长水力空化的处理时间，可以使大肠杆菌达到几乎全部杀灭的效果。结果表明，NO_3^-、PO_4^{3-} 和 CO_3^{2-} 的存在降低了大肠杆菌在水力空化体系中的杀灭率，说明这些无机阴离子的存在对水力空化体系杀灭大肠杆菌有抑制作用。无机阴离子对水力空化杀灭大肠杆菌效率的影响顺序为 $NO_3^- < CO_3^{2-} < PO_4^{3-}$，其中 PO_4^{3-} 离子对水力空化杀灭大肠杆菌效率的影响最大。在水力空化杀灭大肠杆菌连续处理前 20min 时，NO_3^-、PO_4^{3-} 和 CO_3^{2-} 离子的存在使灭菌率大幅下降。

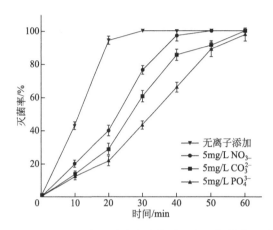

图 6-15　无机阴离子对水力空化杀灭大肠杆菌的影响

这可能是因为 NO_3^-、PO_4^{3-} 和 CO_3^{2-} 离子都可以看作水力空化过程产生的高度氧化性·OH 的捕获剂，具有清除自由基的作用，具体过程如下：

$$\cdot OH + CO_3^{2-} \longrightarrow HO^- + CO_3 \cdot^-$$

$$\cdot OH + NO_3^- \longrightarrow HO^- + NO_3 \cdot$$

$$\cdot OH + PO_4^{3-} \longrightarrow HO^- + PO_4 \cdot^{2-}$$

因此可以降低大肠杆菌的杀灭率。总之，NO_3^-、PO_4^{3-} 和 CO_3^{2-} 的存在可以抑制大肠杆菌在水力空化体系中的杀灭效果。因此，在实际的废水处理中，预先去除水中的 NO_3^-、PO_4^{3-} 和 CO_3^{2-}，可以提高大肠杆菌在水力空化体系中的杀灭率。

6.5　水力空化对微生物的作用机制

6.5.1　水力空化消杀微生物的现有问题

尽管空化最早是在 19 世纪的船用螺旋桨上观察到的，但由于其复杂性和不可预测性，揭示其行为和结果的进展缓慢，它至今仍然没有被完全理解。大多数研究人员只说明了存在空化现象，但没有给出其特征的任何细节，其中关于空化强度的定义还没有达成共识，所以水力空化的空化过程机理还停留在表面，是经验性总结和猜想。由于可能影响微生物破坏的机制尚不清楚，因此很难优化空化处理。

Gao 等人提出，由于在不同的生长阶段具有不同的形状，细菌可能具有不同的生物和物理特性，这可能会影响水力空化对细菌的破坏效果。另一方面，对于空化，需要一种非复杂的水介质。因此，一些研究人员使用蒸馏水或去离子水（即纯化水）作为处理介质或作为培养物制备的一部分。然而纯化水对细菌有负面影响，因为它是一种低渗溶液，会导致细胞肿胀甚至细胞破裂。因此，它可能会影响结果。此外，在开发空化产生的新方法方面，尤其是在 HC 的情况下，还没有太多进展。最大的问题是，大多数研究人员只引用了以前关于空化作用机制的假设，他们既没有调查也没有提供额外的、经证实的新可能性。虽然空化可能被证明是一种能够满足杀灭环境中或食品工业中微生物的方法，可以有效且相对快速地摧毁微生物，而不会产生任何附带损害，如产生二次污染物。但为了最有效地利用它（最大限度地利用它的潜力），必须阐明它与微生物相互作用的确切机制。

6.5.2　水力空化对微生物的物理化学作用

6.5.2.1　机械效应对微生物的影响

HC 的机械（物理）效应具有高度破坏性，包括冲击波、微射流和液体崩塌产生的高剪切应力。在气液界面快速变化期间，气泡的绝热压缩可形成冲击波。气泡壁停止生长，并在最大压缩点高速收缩。收缩的流体从气泡界面反射回来，在排放开始时产生具有强烈非线性传播特性的高压冲击波。固体边界、自由表面、重力或声压的存在，可能会导致在气泡快速收缩过程中形成高速重入射流（或"微射流"）。在这个过程中，膨胀气泡的势能被转化为围绕着坍塌气泡的液体的动能。射流速度在很大程度上取决于气泡产生位置与边界之间的距离。实验测得了 175m/s、160m/s、170m/s 和 156m/s 的最大喷射速度。此外，气泡与其他气泡坍塌和冲击波传播产生的压力脉冲之间的相互作用效应可以产生更强大的射流。在这种情况下，速度可达 370m/s 或 400m/s。

微射流对（固体）表面的冲击产生的水锤压力（p_{wh}）与射流速度 v_{imp}（近似超声学）呈线性关系，如下所示：

$$p_{wh} = \frac{\rho_w c_w \rho_{sb} c_{sb}}{\rho_w c_w + \rho_{sb} c_{sb}} v_{imp}$$

式中　ρ_w，c_w——介质的密度和声速；

　　　ρ_{sb}，c_{sb}——固体边界的密度和声速。

例如，当射流以 151m/s 的速度撞击铝材料时，水锤压力可高达 200MPa。此外，由于尖端呈圆锥形或圆形，有效冲击力可能高达水锤压力的三倍。气泡破裂期间也会产生高剪应力。此外，径向流伴随着射流加速液体撞击并沿壁传播，从而产生高剪应力。

6.5.2.2　热效应对微生物的影响

热点理论能够合理化空化引起的热效应的性质，并与实验数据一致。内爆或坍塌会压缩空化气泡中的气体和蒸气，并产生强烈的热量，从而提高气泡周围液体的温度，并形成局部热点。局部热点为几千开尔文，并在微秒内将加热和冷却速率提高到1010K/s以上。加热效应是均匀声化学的来源，在很大程度上取决于与中心的距离。在气泡内部，气相的最高温度可达到（4300±200)K、（4600±200)K或在水中可达5200K；在界面处，紧靠溃灭气泡周围的薄层液体的温度可达到1900K；在大体积介质中，气泡溃灭不会直接影响大体积介质的温度。

6.5.2.3 化学效应对微生物的影响

·OH具有较高的氧化或标准还原电位（2.8V)，其值仅低于氟（3.03V)。对于一个未配对的电子，·OH可以从其他物质中移除一个电子。它在声化学中起着重要作用，被认为有助于化学物质（有机污染物）的降解和微生物的失活。气泡在气相和气液界面崩塌产生的极端条件可以将空腔中的水（H_2O）和溶解氧（O_2）分子分解为氢原子（·H)、氧原子（·O)、·OH和氢过氧基（HO_2·）的活性物种。如果没有溶质，这些初级自由基可以形成H_2O、·O和O_2。·OH和HO_2·的复合在热气泡外或在冷却器界面形成过氧化氢（H_2O_2)。此外，·H和·OH可以与H_2O_2反应生成·OH和HO_2·。

6.5.3 水力空化对微生物组分的氧化作用

气泡的内爆和局部热点的形成是H_2O分子均裂和自由基（·OH和·H）形成的原因。作为最强的氧化剂之一，·OH容易氧化它们遇到的任何物质，或在它们之间反应生成H_2O_2。当不同的气体/氧气溶解在水中时，许多物质可以形成（·O_2H，·N，·O，O_2）。在HC的情况下，较小的气泡和更多的气泡塌陷有利于·OH自由基扩散到液体中。HC对细胞破裂的效率与气泡压力崩溃相关，气泡压力崩溃取决于空化数、溶解气体的存在、液体介质的黏度、蒸气压力，尤其是HC装置的设计。

6.5.3.1 蛋白质氧化

具有活性物种的蛋白质氧化可发生在外保护层（蛋白衣壳）的内部和表面，这一点已被证明适用于环境重要的病毒——利维病毒、腺病毒、杯状病毒和肠道病毒。根据所讨论的氧化剂，蛋白质主链和侧链可能受到·OH选择性最低的影响。这些氧化反应通过阻碍病毒成分的正常功能或通过改变衣壳结构和提供进入内部成分的途径来影响病毒的传染性和复制。

当H_2O_2在细胞内产生自由基时，蛋白质的氧化也可能发生在细胞内。一旦形成，·OH会攻击氨基酸侧链和主干的双键等富含电子的位点，并可氧化酪氨酸、苯丙氨酸、色氨酸、组氨酸、蛋氨酸和半胱氨酸等氨基酸。因此，相应蛋白质的特定功能被抑制。

6.5.3.2 脂质氧化

当·OH 攻击脂质中的多不饱和脂肪酸并引起连锁反应，从而产生许多其他活性氧时，它被称为脂质过氧化。关于自由基和 H_2O_2 对细菌和酵母菌的影响，许多研究都报道了这一点。一旦反应开始，细菌细胞膜的完整性就会受到影响。膜流动性、通透性的变化和膜内部组织的恶化最终导致自由基到达细胞内部，并对细胞内成分造成损害。

6.5.3.3 多糖氧化

革兰氏阴性菌的一个显著特征是外部多糖层。文献报道，非自由基（H_2O_2）和自由基（·OH、·OOR、·OR 和·ON）活性氧可以攻击多糖。通过糖苷主链的断裂，导致生物聚合物断裂，从而改变这些细胞成分的功能。研究还表明，对自由基攻击的敏感性取决于多糖的组成。

6.5.3.4 核酸氧化

研究表明，核酸也容易受到活性氧的影响。一旦进入细胞内，·OH 可导致双螺旋断裂或氨基改性。

 参考文献

[1] 叶学良,肖裕兵,胡期文. 漂粉精在饮用水消毒中的应用[J]. 化学与生物工程,2018,35(12):59-61.

[2] GB 5749—2006 生活饮用水卫生标准[S]. 北京:中国标准出版社,2006.

[3] 林英姿,陈壮. 饮用水消毒方法的研究进展[J]. 中国资源综合利用,2016,34(6):39-40.

[4] 唐励文,周柏明. 饮用水消毒工艺的发展[J]. 科技创新导报,2015,12(34):76-77,79.

[5] Speight P C S. Association between residual chlorine and reduction in haloacetic acid concentrations in distribution systems[J]. Journal of American Water Works Association,2003,97(2):82-91.

[6] 李波. 基于硫酸根自由基的单过硫酸氢盐高级氧化消毒技术水王子产品在饮用水处理中的应用[C]//中国土木工程学会水工业分会给水深度处理研究会 2014 年年会论文集,2014,39(2):423-428.

[7] 张锁娜,王海波,李肖肖,等. 臭氧对饮用水中氯化消毒副产物生成的影响[J]. 环境工程学报,2014,8(10):4091-4096.

[8] 李鑫,汪毅,丁志斌,等. 氯及氯胺消毒对饮用水生物稳定性的影响研究[J]. 山西建筑,2018,44(33):94-96.

[9] 易芳,吴立波,明亮,等. 二氧化氯、氯胺顺序投加联合消毒工艺的研究[J]. 中国给水排水,2010,26(7):27-29.

[10] 战威,梁增辉,李君文. 氯胺和二氧化氯对大肠杆菌联合消毒作用的研究[J]. 疾病控制杂志,1999,3(3):159-162.

[11] 郑晓英,王靖宇,李魁晓,等. 次氯酸钠、臭氧及其组合再生水消毒技术研究[J]. 环境工程,2017,35(11):23-27.

[12] 邹爽,单旭亮,汤杰,等. 超声波/紫外协同氯消毒处理砂滤水的试验研究[J]. 工业水处理,2018,38(2):31-35.

[13] Xie L, Terada A, Hosomi M. Disentangling the multiple effects of a novel high pressure jet device upon bacterial

cell disruption[J]. Chemical Engineering Journal, 2017, 323: 105-113.

[14] Gibson J H, Yong D H N, Farnood R R, Seto P. A Literature Review of ultrasound technology and its application in wastewater disinfection [J]. Water Quality Research Journal, 2008, 43(1): 23-35.

[15] Philippe M, Sascha H. Controlled vesicle deformation and lysis by single oscillating bubbles[J]. Nature, 2003, 423(6936): 153-156.

[16] Vollmer A C, Kwakye S, Halpern M, Everbach E C. Bacterial stress respons to 1-megahertz pulsed ultrasound in the presence of microbubbles[J]. Applied and environmental microbiology, 1998, 64(10): 3927-3931.

[17] Food Technology. Researchers from university of bio-bio report new studies and findings in the area of food technology (Analysis of the variability in microbial inactivation by acid treatments) [J]. Agriculture Week, 2016.

[18] Ikai H, Nakamura K, Shirato M, Kanno T, Iwasawa A, Sasaki K, Niwano Y, Kohno M. Photolysis of hydrogen peroxide, an effective disinfection system via hydroxyl radical formation[J]. Antimicrobial Agents and Chemotherapy, 2010, 54(12): 5086-5091.

[19] Kobayashi Y, Hayashi M, Yoshino F, Tamura M, Yoshida A, Ibi H, Lee M C, Ochiai K, Ogiso B. Bactericidal effect of hydroxyl radicals generated from a low concentration hydrogen peroxide with ultrasound in endodontic treatment[J]. Journal of Clinical Biochemistry and Nutrition, 2014, 54(3): 161-165.

[20] Balasundaram B, Harrison S T L. Study of physical and biological factors involved in the disruption of *E. coli* by hydrodynamic cavitation[J]. Biotechnol. Prog, 2006(22): 907-913.

[21] Mezule L, Tsyfansky S, Yakushevich V, Juhna T. A simple technique for water disinfection with hydrodynamic cavitation: Effect on survival of *Escherichia coli*[J]. Desalination. 2010(248): 152-159.

[22] Xu Y F, Yang J, Wang Y L, Liu F, Jia J P. The effects of jet cavitation on the growth of *Microcystis aeruginosa* [J]. Journal of Environmental Science and Health. Part A, Toxic/Hazardous Substances & Environmental Engineering, 2006, 41(10): 2345-2358.

[23] Jančula D, Mikula P, Maršálek B, Rudolf P, Pochylý F. Selective method for cyanobacterial bloom removal: Hydraulic jet cavitation experience[J]. Aquaculture International, 2014, 22(2): 509-521.

[24] Li P, Song Y, Yu S L. Removal of Microcystis aeruginosa using hydrodynamic cavitation: Performance and mechanisms[J]. Water Research, 2014, 62: 241-248.

[25] Dular M, Griessler-Bulc T, Gutierrez-Aguirre I, Heath E, Kosjek T, Klemenčič A K, Oder M, Petkovšek M, Rački N, Ravnikar M, Šarc A, Širok B, Zupanc M, Žitnik M, Kompare B. Use of hydrodynamic cavitation in (waste)water treatment[J]. Ultrasonics - Sonochemistry, 2016, 29: 577-588.

[26] Lee A K, Lewis D M, Ashman P J. Disruption of microalgal cells for the extraction of lipids for biofuels: Processes and specific energy requirements[J]. Biomass Bioenergy, 2012(46): 89-101.

[27] Lee I, Han J I. Simultaneous treatment (cell disruption and lipid extraction) of wet microalgae using hydrodynamic cavitation for enhancing the lipid yield[J]. Bioresour. Technol, 2015(186): 246-251.

[28] Mayer B K, Yang Y, Gerrity D W, Abbaszadegan M. The impact of capsid proteins on virus removal and inactivation during water treatment processes[J]. Microbiol Insights, 8s2, 2015, 8(S2): 15-28.

[29] Pottage T, Richardson C, Parks S, Walker J T, Bennett A M. Evaluation of hydrogen peroxide gaseous disinfection systems to decontaminate viruses[J]. Hosp. Infect, 2010(74): 55-61.

[30] Wigginton K R, Pecson B M, Sigstam T, Bosshard F, Kohn T. Virus inactivation mechanisms: Impact of disinfectants on virus function and structural integrity[J]. Environ. Sci. Technol, 2012(46): 12069-12078.

[31] Labas M D, Zalazar C S, Brandi R J, Cassano A E. Reaction kinetics of bacteria disinfection employing hydrogen

peroxide[J]. Biochem. Eng, 2008(38)：78-87.

[32] McDonnell G，Russell A D. Antiseptics and disinfectants：Activity, action, and resistance[J]. Clin. Microbiol. Rev. , 1999(12)：147-179.

[33] Kashmiri Z N，Mankar S A. , Free radicals and oxidative stress in bacteria[J]. Int. J. Curr. Microbiol. Appl. Sci. , 2014, 3(9)：34-40.

[34] Kobayashi Y，Hayashi M，Yoshino F，Tamura M，Yoshida A，Ibi H，Lee M C，Ochiai K，Ogiso B. Bactericidal effect of hydroxyl radicals generated from lowconcentration hydrogen peroxide with ultrasound in endodontic treatment [J]. Clin. Biochem. Nutr. , 2014, 54：161-165.

[35] Duan J，Kasper D L. Oxidative depolymerization of polysaccharides by reactive oxygen/nitrogen species[J]. Glycobiology, 2011, 21(4)：401-409.

[36] Madigan M T，Bender K S，Buckley D H，Sattley W M，Stahl D A. Brock biology of microorganisms, 13th ed [M]. Boston：Pearson, 2012.

[37] Azuma Y，Kato H，Usami R，Fukushima T. Bacterial sterilization using cavitating jet[J]. Fluid Sci. Technol. , 2007, 2(1)：270-281.

[38] Badve M P，Bhagat M N，Pandit A B. Microbial disinfection of seawater using hydrodynamic cavitation[J]. Sep. Purif. Technol. , 2015, 151：31-38.

[39] Dalfré Filho J G，Assis M P，Genovez A I B. Bacterial inactivation in artificially and naturally contaminated water using a cavitating jet apparatus[J]. Hydro Environ. Res. , 2015, 9(2)：259-267.

[40] Cameron M，McMaster L D，Britz T J，Electron microscopic analysis of dairy microbes inactivated by ultrasound [J]. Ultrason. Sonochem. , 2008, 15(6)：960-964.

[41] Li J，Ahn J，Liu D，Chen S，Ye X，Ding T. Evaluation of ultrasoundinduced damage to Escherichia coli and Staphylococcus aureus by flow cytometry and transmission electron microscopy[J]. Appl. Environ. Microbiol, 2016, 82(6)：1828-1837.

[42] Gao S，Lewis G D，Ashokkumar M，Hemar Y. Inactivation of microorganisms by low-frequency high-power ultrasound：1. Effect of growth phase and capsule properties of the bacteria[J]. Ultrason. Sonochem. , 2014, 21 (1)：446-453.

[43] Zupanc M，Kosjek T，Petkovšek M，Dular M，Kompare B，Širok B，Blažeka Ž，Heath E. Removal of pharmaceuticals from wastewater by biological processes, hydrodynamic cavitation and UV treatment [J]. Ultrason. Sonochem, 2013, 20(4)：1104-1112.

[44] Gashchin O R，Viten'ko T N. The combined effect of hydrodynamic cavitation，hydrogen peroxide, and silver ions on the Escherichia coli microorganisms[J]. Water Chem. Technol. , 2011(33)：266-271.

[45] Flores M J，Brandi R J，Cassano A E，Labas M D. Chemical disinfection with H_2O_2- the proposal of a reaction kinetic model[J]. Chem. Eng. J. , 2012, 198-199：388-396.

[46] Balasundaram B，Harrison S T L. Disruption of Brewers' yeast by hydrodynamic cavitation：process variables and their influence on selective release[J]. Biotechnol Bioeng, 2006, 94(2)：303-311.

[47] Iida Y，Tuziuti T，Yasui K，Kozuka T，Towata A. Protein release from yeast cells as an evaluation method of physical effects in ultrasonic field[J]. Ultrason. Sonochem. , 2008, 15(6)：995-1000.

[48] Zhang L，Jin Y，Xie Y，Wu X，Wu T. Releasing polysaccharide and protein from yeast cells by ultrasound：Selectivity and effects of processing parameters[J]. Ultrason. Sonochem. , 2014, 21(4)：576-581.

[49] Wu T，Yu X，Hu A，Zhang L，Jin Y，Abid M. Ultrasonic disruption of yeast cells：Underlying mechanism and effects of processing parameters[J]. Innov. Food Sci. & Emerg. Technol. , 2015, 28：59-65.

[50] Apar D, Özbek B. Protein releasing kinetics of bakers' yeast cells by ultrasound[J]. Chem. Biochem. Eng. Q., 2008, 22(1): 113-118.

[51] Wang Y, Wang T, Yuan Y, Fan Y, Guo K, Yue T. Inactivation of yeast in apple juice using gas-phase surface discharge plasma treatment with a spray reactor[J]. LWT - Food Sci. Technol., 2018, 97: 530-536.

[52] Batista M D, Anhê A C B M, de Souza Inácio Gonçalves J C. Use of hydrodynamic cavitation for algae removal: Effect on the inactivation of microalgae belonging to genus scenedesmus[J]. Water Air Soil Pollut., 2017, 228 (11): 443.

[53] Wu Z, Shen H, Ondruschka B, Zhang Y, Wang W, Bremner D H. Removal of blue-green algae using the hybrid method of hydrodynamic cavitation and ozonation[J]. J. Hazard. Mater., 2012, 235-236: 152-158.

[54] Xu Y, Yang J, Wang Y, Liu Y, Jia J. The effects of jet cavitation on the growth of *Microcystis aeruginosa*[J]. J. Environ. Sci. Health - Part A, 2006, 41(10): 2345-2358.

[55] Kim D, Kim E K, Koh H G, Kim K, Han J I, Chang Y K. Selective removal of rotifers in microalgae cultivation using hydrodynamic cavitation[J]. Algal Res., 2017, 28: 24-29.

[56] Greenly J M, Tester J W. Ultrasonic cavitation for disruption of microalgae[J]. Bioresour. Technol., 2015, 184: 276-279.

[57] Wang M, Yuan W, Jiang X, Jing Y, Wang Z. Disruption of microalgal cells using high-frequency focused ultrasound[J]. Bioresour. Technol., 2014, 153: 315-321.

[58] Rajasekhar P, Fan L, Nguyen T, Roddick F A. Impact of sonication at 20kHz on *Microcystis aeruginosa*, *Anabaena circinalis* and *Chlorella* sp[J]. Water Res., 2012, 46(5): 1473-1481.

[59] Halim R, Harun R, Danquah M K, Webley P A. Microalgal cell disruption for biofuel development[J]. Appl. Energy., 2012, 91(1): 116-121.

[60] Zhang G, Zhang P, Wang B, Liu H. Ultrasonic frequency effects on the removal of *Microcystis aeruginosa*[J]. Ultrason. Sonochem., 2006, 13(5): 446-450.

[61] Jančula D, Maršálek B. Critical review of actually available chemical compounds for prevention and management of cyanobacterial blooms[J]. Chemosphere, 2011, 85(9): 1415-1422.

[62] Drabkova M, Matthijs H C P, Admiraal W, Marsalek B. Selective effects of H_2O_2 on cyanobacterial photosynthesis[J]. Photosynthetica, 2007, 45: 363-369.

[63] Kosel J, Gutiérrez-Aguirre I, Rački N, et al. Efficient inactivation of MS-2 virus in water by hydrodynamic cavitation[J]. Water research, 2017, 124: 465-471.

[64] Filipić A, Lukežič T, Bačnik K, et al. Hydrodynamic cavitation efficiently inactivates potato virus Y in water [J]. Ultrasonics Sonochemistry, 2022, 82: 105898.

[65] Šarc A, Stepišnik-Perdih T, Petkovšek M, Dular M. The issue of cavitation number value in studies of water treatment by hydrodynamic cavitation[J]. Ultrasonics - Sonochemistry, 2017, 34: 51-59.

[66] Patil P N, Gogate P R. Degradation of methyl parathion using hydrodynamic cavitation: Effect of operating parameters and intensification using additives[J]. Separation and Purification Technology, 2012, 95: 172-179.

[67] Mason T J, Joyce E, Phull S S, Lorimer J P. Potential uses of ultrasound in the biological decontamination of water[J]. Ultrasonics - Sonochemistry, 2003, 10(6): 319-323.

[68] Choi J, Cui M, Lee Y, Kim J, Son Y, Khim J. Hydrodynamic cavitation and activated persulfate oxidation for degradation of bisphenol A: Kinetics and mechanism[J]. Chemical Engineering Journal, 2018, 338: 323-332.

[69] Milly P J, Toledo R T, Kerr W L, Armstead D. Hydrodynamic cavitation: Characterization of a novel design with energy considerations for the inactivation of Saccharomyces cerevisiae in apple juice[J]. Journal of food

science, 2008, 73(6): 298-303.

[70] Jyoti K K, Pandit A B. Water disinfection by acoustic and hydrodynamic cavitation[J]. Biochemical Engineering Journal, 2001, 7(3): 201-212.

[71] Raut-Jadhav S, Saini D, Sonawane S, Pandit A. Effect of process intensifying parameters on the hydrodynamic cavitation based degradation of commercial pesticide (methomyl) in the aqueous solution[J]. Ultrasonics - Sonochemistry, 2016, 28: 283-293.

[72] Jung K W, Park D S, Hwang M J, Ahn K H. Decolorization of Acid Orange 7 by an electric field-assisted modified orifice plate hydrodynamic cavitation system: Optimization of operational parameters[J]. Ultrasonics - Sonochemistry, 2015, 26: 22-29.

[73] Joshi S M, Gogate P R. Intensification of industrial wastewater treatment using hydrodynamic cavitation combined with advanced oxidation at operating capacity of 70 L[J]. Ultrasonics Sonochemistry, 2019, 52: 375-381.

[74] Jawale R H, Gogate P R. Novel approaches based on hydrodynamic cavitation for treatment of wastewater containing potassium thiocyanate[J]. Ultrasonics Sonochemistry, 2019, 52: 214-223.

[75] Thanekar P, Gogate P R. Combined hydrodynamic cavitation based processes as an efficient treatment option for real industrial effluent[J]. Ultrasonics Sonochemistry, 2019, 53: 202-213.

[76] Song L G, Yang G, Yu S B, Xu M Y, Liang Y C, Pan X X, Yao L. Ultra-high efficient hydrodynamic cavitation enhanced oxidation of nitric oxide with chlorine dioxide[J]. Chemical Engineering Journal, 2019, 373(C): 767-779.

[77] Wu Z L, Yuste-Córdoba F J, Cintas P, Wu Z S, Boffa L, Mantegna S, Cravotto G. Effects of ultrasonic and hydrodynamic cavitation on the treatment of cork wastewater by flocculation and Fenton processes [J]. Ultrasonics - Sonochemistry, 2018, 40(Pt B): 3-8.

[78] Gao S, Lewis G D, Ashokkumar M, Hemar Y. Inactivation of microorganisms by low-frequency high-power ultrasound: 2. A simple model for the inactivation mechanism, Ultrason. Sonochem, 2014(21): 454-460.

[79] Al-Juboori R A, Aravinthan V, Yusaf T. Impact of pulsed ultrasound on bacteria reduction of natural waters, Ultrason. Sonochem, 2015(27): 137-147.

[80] Su X, Zivanovic S, D'Souza D H. Inactivation of human enteric virus surrogates by high-intensity ultrasound [J]. Foodborne Pathog. Dis, 2010(7): 1055-1061.

[81] Liu D, Zeng X A, Sun D W, Han Z. Disruption and protein release by ultrasonication of yeast cells[J]. Innov. Food Sci. Emerg. Technol, 2013(18): 132-137.

[82] Cerecedo L M, Dopazo C, Gomez-Lus R. Water disinfection by hydrodynamic cavitation in a rotor-stator device [J]. Ultrason. Sonochem, 2018(48): 71-78.

[83] Ho C W, Chew T K, Ling T C, Kamaruddin S, Tan W S, Tey B T. Efficient mechanical cell disruption of Escherichia coli by an ultrasonicator and recovery of intracellular hepatitis B core antigen[J]. Process Biochem, 2006(41): 1829-1834.

[84] Gerde J A, Montalbo-Lomboy M, Yao L, Grewell D, Wang T. Evaluation of microalgae cell disruption by ultrasonic treatment[J]. Bioresour. Technol, 2012(125): 175-181.

[85] Lee H, Gojani A B, Han T H, Yoh J J. Dynamics of laser-induced bubble collapse visualized by time-resolved optical shadowgraph [J]. Journal of Visualization, 2011, 14(4): 331-337.

[86] Blake J R, Keen G S, Tong R P, Wilson M. Acoustic cavitation: The fluid dynamics of non-spherical bubbles [J]. Philosophical Transactions of the Royal Society A: Mathematical, Physical and Engineering Sciences, 1999,

357 (1751)：251-267.

[87] Kuppa R，Moholkar V S. Physical features of ultrasound- enhanced heterogeneous permanganate oxidation[J]. Ultrasonics - Sonochemistry，2009，17(1)：123-131.

[88] Vogel A，Lauterborn W，Timm R. Optical and acoustic investigations of the dynamics of laser-produced cavitation bubbles near a solid boundary[J]. Journal of Fluid Mechanics，1989，206.

[89] Benjamin T B，Ellis A T. A discussion on deformation of solids by the impact of liquids，and its relation to rain damage in aircraft and missiles，to blade erosion in steam turbines，and to cavitation erosion—The collapse of cavitation bubbles and the pressures thereby produced against solid boundaries[J]. Philosophical Transactions of the Royal Society of London. Series A，Mathematical and Physical Sciences，1966，260(1110)：221-240.

[90] Lauterborn W，Bolle H. Experimental investigations of cavitation-bubble collapse in the neighbourhood of a solid boundary[J]. Journal of Fluid Mechanics，1975，72(02)：391.

[91] Shima A，Takayama K，Tomita Y，Miura N. An experimental study on effects of a solid wall on the motion of bubbles and shock waves in bubble collapse[J]. Acta Acustica United with Acustica，1981，48(5)：293-301.

[92] Tomita Y，Shima A. Mechanisms of impulsive pressure generation and damage pit formation by bubble collapse [J]. Journal of Fluid Mechanics，1986，169(1)：535-564.

[93] Dear J P，Field J E. A study of the collapse of arrays of cavities[J]. Journal of Fluid Mechanics，1988，190：409-425.

[94] Philipp A，Lauterborn W L. Cavitation erosion by single laser-produced bubbles[J]. Fluid Mech.，1998，361，75-116.

[95] Lush P A. Impact of a liquid mass on a perfectly plastic solid[J]. Journal of Fluid Mechanics，1983，135(1)：372-387.

[96] Kuhl T，Israelachvili J. Mechanism of cavitation damage in thin liquid films：Collapse damage vs. inception damage[J]. Wear，1992，153(1)：31-51.

[97] Zeng Q Y，Gonzalez A S R，Dijkink R，Koukouvinis P，Gavaises M，Ohl C D. Wall shear stress from jetting cavitation bubbles[J]. Journal of Fluid Mechanics，2018，846：341-355.

[98] Suslick K S. The chemical effects of ultrasound[J]. Scientific American，1989，260(2)：80-86.

[99] Ashokkumar M. The characterization of acoustic cavitation bubbles — An overview［J］. Ultrasonics - Sonochemistry，2010，18(4)：864-872.

[100] Suslick K S. Sonochemistry[J]. Science，1990(247)：1439-1445.

[101] Suslick K S，Didenko Y，Fang M M，Hyeon T，Kolbeck K J，McNamara W B，Mdleleni M M，Wong M. Acoustic cavitation and its chemical consequences[J]. Philosophical Transactions：Mathematical，Physical and Engineering Sciences，1999，357(1751)：335-353.

[102] Didenko Y T，McNamara W B，Suslick K S. Hot spot conditions during cavitation in water[J]. Journal of the American Chemical Society，1999，121(24)：5817-5818.

[103] Rae J，Ashokkumar M，Eulaerts O，von Sonntag C，Reisse J，Grieser F. Estimation of ultrasound induced cavitation bubble temperatures in aqueous solutions[J]. Ultrason. Sonochem.，2005(12)：325-329.

[104] Suslick K S，Hammerton D A，Cline R E. Sonochemical hot spot[J]. Journal of the American Chemical Society，1986，108(18)：5641-5642.

[105] Boczkaj G，Fernandes A. Wastewater treatment by means of advanced oxidation processes at basic pH conditions：A review[J]. Chemical Engineering Journal，2017，320：608-633.

[106] Riesz P，Berdahl D，Christman C L. Free radical generation by ultrasound in aqueous and nonaqueous

solutions. [J]. Environmental Health Perspectives, 1985, 64: 233-252

[107] Pang Y L, Abdullah A Z, Bhatia S. Review on sonochemical methods in the presence of catalysts and chemical additives for treatment of organic pollutants in wastewater[J]. Desalination, 2011, 277 (1): 1-14.

[108] Yusaf T, Al-Juboori R A, Alternative methods of microorganism disruption for agricultural applications[J]. Appl. Energy. , 2014(114): 909-923.

[109] Joyce E M, Mason T J. Sonication used as a biocide a review: Ultrasound a greener alternative to chemical biocides[J]. Chim. Oggi. , 2008(26): 22-26.

[110] Yusof N S M, Babgi B, Alghamdi Y, Aksu M, Madhavan J, Ashokkumar M. Physical and chemical effects of acoustic cavitation in selected ultrasonic cleaning applications[J]. Ultrason. Sonochem. , 2016(29): 568-576.

[111] Al Bsoul A, Magnin J P, Commenges-Bernole N, Gondrexon N, Willison J, Petrier C, Effectiveness of ultrasound for the destruction of *Mycobacterium* sp. strain (6PY1)[J]. Ultrason. Sonochem. , 2010, 17(1): 106-110.

[112] Loraine G, Chahine G, Hsiao C T, Choi J K, Aley P. Disinfection of gram-ne-gative and gram-positive bacteria using DynaJets hydrodynamic cavitating jets[J]. Ultrason. Sonochem. , 2012(19): 710-717.

[113] Klavarioti M, Mantzavinos D, Kassinos D. Removal of residual pharmaceuticals from aqueous systems by advanced oxidation processes[J]. Environ. Int. , 2009(35): 402-417.

[114] Gagol M, Przyjazny A, Boczkaj G. Wastewater treatment by means of advanced oxidation processes based on cavitation—A review[J]. Chem. Eng. , 2018(338): 599-627.

[115] Arrojo S, Benito Y, Martínez Tarifa A. A parametrical study of disinfection with hydrodynamic cavitation[J]. Ultrason. Sonochem. , 2018, 15 (5): 903-908.

[116] Balasundaram B, Harrison S T L. Optimising orifice geometry for selective release of periplasmic products during cell disruption by hydrodynamic cavitation[J]. Biochem. Eng. , 2011(54): 207-209.

第7章

水力空化技术去除环境污染物的工程应用

7.1 水力空化技术应用概况

水力空化在水处理中得到了广泛的应用，例如协同生物法和物理化学法去除有机污染物。空化可以更有效地产生羟基自由基，从而氧化大多数污染物。它还会在被处理的介质中产生局部热点，在这些热点中，内爆的气泡会导致压力和温度突然升高并通过热解进一步分解污染物。此外，挥发性有机污染物可以渗透到正在形成的空腔中，这些空腔以高能量内爆，将更有效地促进氧化过程。空化气泡的溃灭能量通常用于破坏废水中微生物和细菌的结构。此外，微生物结构被破坏后可以更有效地干燥生物质和生产沼气，从而改善废水处理厂的运行效果。在光化学法中，空化会启动光化学催化剂表面污染物的氧化过程，通过产生电子-空穴对来改善电子转移过程。空化还增强了高活性羟基自由基的化学生成，从而能够氧化各种有机污染物，如羧酸、醇、氯化溶剂等。

大量文献表明，在污水处理中应用水力空化可确保污染物氧化效率的大幅提高。然而，关于阐明污染物降解反应的所有途径以及降低设备运行相关成本的研究仍在继续。另外，由于大量参数（包括 pH 值、温度、试剂浓度、入口压力、污染物的种类和浓度以及反应时间）会影响空化效果，因此需要优化参数以最大限度地提高氧化程度。

7.2 水力空化在污水处理中的应用

水力空化作为一种新兴水处理技术，其环保、处理量大、易于实现工业化的优点，使其在水处理领域中迅速发展。

Badvea 和 Gogate 等介绍了水力空化法作为一种处理实际木材加工废水的新方法。此研究首次报道了一种处理木材加工工业产生的含有高浓度挥发性有机化合物的实际废水的策略。考察了转盘转速、H_2O_2 负荷和废水在空化装置中的停留时间等操作参数对废水 COD 的降解程度的影响。结果表明，废水的降解速率与转子转速、H_2O_2 浓度和液相停留时间有关。加入 H_2O_2 可使降解效果增强，其最佳浓度取决于废水流的类型。

在 H_2O_2 的最佳浓度下，空穴产率提高了 46%。

Wang 等研究了水力空化（HC）对实际饮用水化学药剂消毒的影响。实验将 HC 装置安装在实际钻孔井中，考察了单独使用 HC 以及 HC 与二氧化氯、次氯酸钠等化学物质组合使用的效果。用 HC 单独研究了进口压力和几何参数对消毒效果的影响，结果表明，增加进口压力和采用更多、更大的孔板可以获得更高的消毒率。与化学品联用时，可降低化学品剂量，缩短消毒时间。细菌浓度的下降遵循一级动力学模型。在 HC 和次氯酸钠的联合消毒实验中，HC 不仅提高了消毒率，而且还降解了天然有机物和氯仿。与单纯的次氯酸钠消毒相比，联合工艺的消毒率更高，氯仿产量更低，特别是 HC 预处理的消毒率提高了 32%，同时氯仿产量降低了 39%。

利用气蚀技术联合高级氧化技术（AOPs）是工业废水处理的一个有前景的研究方向。Boczkaj 等的文章介绍了利用流体动力空化辅助附加氧化过程 [O_3 与 H_2O_2 反应（过臭氧化）] 来降低沥青生产废水的总污染负荷的研究结果。还对所有研究过程中挥发性有机化合物（VOCs）含量的变化进行了详细分析。研究表明，最有效的处理工艺为水力空化辅助臭氧（40% COD 和 50% BOD）。其他研究过程（水力空化 + H_2O_2、水力空化 + 过氧化氢和单独水力空化）分别使 COD 降低 20%、25% 和 13%，BOD 降低 49%、32% 和 18%。大部分 VOCs 被有效降解。此外，副产物的形成是对所研究的 AOPs 进行评价时必须考虑的方面之一。结果表明，糠醛是单独水力空化和 H_2O_2 作为外部氧化剂辅助水力空化处理过程中浓度增加的副产物之一，在处理过程中应加以控制。

Saxena 等研究了使用混合水力空化如 HC + 臭氧（O_3）、HC + 过氧化氢（H_2O_2）和 HC + Fenton 试剂来降解制革废水（TWE）中的有机污染物的效果。研究发现，单独 HC 处理可使化学需氧量（COD）、总有机碳（TOC）降低 14.46%，在最佳入口压力为 500kPa 时，120min 内，TWE 样品的总溶解固体（TDS）为 10.01%，总悬浮物（TSS）为 34.82%。生物降解指数（BI）值由 0.33 提高到 0.43，表明生物降解性提高。而 TWE 样品的稀释并不能提高 HC 的工艺效率。当 O_3 的最佳负荷为 7g/h 时，HC 与 O_3 的联合处理效果较好，COD 和 TOC 的降幅分别达到 26.81% 和 17.96%。HC 与 H_2O_2 结合后，由于羟基自由基的生成增强，也显著提高了降解效率，最高可达 34.35% 的 COD 还原和 19.71% 的 TOC 还原。在 $FeSO_4 \cdot 7H_2O/H_2O_2$（质量比）为 1:3 的条件下，HC + Fenton 法是处理 TWE 的最有效的混合工艺，COD 和 TOC 的最大降幅分别为 50.20% 和 32.41%。HC + Fenton 法单位质量的 COD 还原的 H_2O_2 需氧量由 HC + H_2O_2 法的 3.02g/g 降至 1.95g/g。此外，HC + Fenton 处理使 BI 值从 0.28 提高到 0.46，比单独 HC 提高了 64%。这些混合技术增强了处理过的 TWE 的 BI，因此可以作为一种预处理技术，通过与传统污水处理厂现有的生物处理单元相结合，以促进对生物难降解有机污染物的降解。其他提高的效益包括更高的有机质矿化率和更低的处理成本。与 HC 法相比，HC + Fenton 法是最节能的方法，每毫克 TWE 的 COD 降低可使能耗降低 75%，处理成本降低 56%。

Rajoriya 等采用水力空化（HC）技术，结合空气、氧、臭氧和 Fenton 试剂等高级氧化试剂对印染废水进行了处理研究。采用狭缝文丘里管作为 HC 反应器的空化装置。研究了进水压力、空化次数、出水浓度、臭氧和氧流量、H_2O_2 和 Fenton 试剂浓度等工艺参数对 TOC、COD 和色度的影响。根据协同系数对混合处理工艺的效率进行了评价。实验结果表明，在进水压力为 5bar、pH 值为 6.8 的条件下，仅使用 HC 可获得近 17% 的 TOC 还原、12% 的 COD 还原和 25% 的脱色率。TOC 和 COD 的还原速率随样品的稀释而降低。HC 与 Fenton 试剂（$FeSO_4 \cdot 7H_2O$：H_2O_2 为 1:5）联合使用效果最好，在 15min 和 120min 内分别降低 48% 的 TOC 和 38% 的 COD，对甲苯二异氰酸酯（TDI）出水脱色几乎完全（98%）。而 HC 与氧（2L/min）和臭氧（3g/h）结合时，TDI 出水分别降低 48% TOC、33% COD、62% 脱色率和 48% TOC、23% COD、88% 脱色率。

王琨等研究了水力空化（HC）、二氧化氯（ClO_2）以及 HC 和 ClO_2 的组合作用对 2,4,6-三氨基-1,3,5-三硝基苯 TATB 废水中化学需氧量（COD）的去除率，考察了不同操作参数如时间（$10 \sim 60min$）、ClO_2 浓度（$25 \sim 150mg/L$）和初始 pH 值（$6 \sim 9.25$）对降解程度的影响。结果表明，初始浓度为 5407mg/L 的废水，在 pH = 6、ClO_2 用量为 150mg/L 时，处理 60min 后 COD 的去除率为 65.9%。HC/ClO_2 对 COD 的去除符合准一级动力学方程，反应速率为 $20.8 \times 10^{-3} min^{-1}$。结果表明，$HC/ClO_2$ 法对 TATB 废水具有协同处理效果，协同系数为 3.01。通过比较各工艺的空化率和成本，HC/ClO_2 具有更高的能量效率（$26.78 \times 10^{-3} mg/J$），更经济、有效，适合大规模的商业操作。

7.2.1 水力空化单独应用

杨思静等研究了文丘里管结构参数对水力空化强度的影响，设计了以文丘里管为核心的水处理装置，选用 8 个尺寸不同的文丘里管处理罗丹明 B 废水。研究了文丘里管结构参数、入口压力及反应时间对空化效果的影响，结果表明：文丘里管空化效果优劣与其结构参数有关。随着入口压力的增大（$0.3 \sim 0.5MPa$）、喉径比的降低（$0.24 \sim 0.08$）、喉管长度的增加（$25 \sim 35mm$），不同文丘里管对罗丹明 B 降解率均呈现先增加后降低的趋势；随着反应时间的增加（$0 \sim 60min$）、扩散段长度的增加（$30 \sim 90mm$），罗丹明 B 降解率均呈现上升趋势，最高可达 15.8%。

张锐等采用多孔孔板水力空化器研究了温度、入口压力、空化时间与孔径、孔数对亚甲基蓝去除效果的影响，探讨了水力空化去除亚甲基蓝机理。结果表明，水力空化对亚甲基蓝的去除效果随着时间的增加而增强，随着入口压力与温度的增大先增强后减弱，亚甲基蓝去除的优化条件为：入口压力 0.35MPa，时间 4.0h，温度 35℃。对于排布与孔个数相同而孔径不同的孔板空化器，小孔径的孔板空化器可以提高亚甲基蓝的去除效果。对于流动面积相同而孔数不同的孔板空化器，多孔数的孔板空化器可以提高亚甲基蓝的去除效果。水力空化去除亚甲基蓝的机理是羟基自由基的氧化降解作用。

董志勇等采用自主研发的多孔板型水力空化反应装置研究了不同过孔流速、不同多孔板几何参数、不同初始质量浓度对硝基苯酚废水降解效果的影响，提出了空化数、过孔流速、初始质量浓度、处理时间、孔口数量、孔口大小与对硝基苯酚废水降解率的关系，为提高对硝基苯酚降解率提供了依据。实验结果表明：增加流速，选取最佳初始浓度，适当延长处理时间，设计孔板时适当增多孔口数量以及增大孔口大小，可以提高对硝基苯酚废水的降解率。

武金明采用多孔板水力空化装置研究不同水力空化因素对难降解有机物罗丹明 B 的处理效果。结果表明：通过量纲分析，得出了降解率量纲表达式以及空化数、雷诺数、孔板厚度与孔板孔径之间的关系，这一关系是确定多孔板水力空化最佳水力条件的依据。最佳水力条件下实验结果表明，当罗丹明 B 溶液浓度小于 1.5mg/L 时，罗丹明 B 在降解过程中浓度反而会增加，当罗丹明 B 溶液浓度大于一定浓度，降解率趋于稳定。

通过之前的研究发现，水力空化的单独处理效果并不好。这可能是一方面受到了水力空化自身对有机废水降解能力的限制；另一方面，经过多年的发展，科研人员仍未清晰掌握水力空化的原理，未能突破空化产生的时间和空间限制。

7.2.2 与其他高级氧化法联用

由于水力空化的单独处理效果并不好，所以通常将其与其他高级氧化法联用，以达到满意的处理效果，同时大大提高了水力空化工业化的可能性。

孔维甸等研究了水力空化技术对罗丹明 B 的降解并且首次引入二氧化氯强化降解。研究表明：入口压力、空化时间、多孔板开孔率以及二氧化氯浓度对罗丹明 B 降解率存在显著影响。在水力空化强化二氧化氯处理工艺中，罗丹明 B 的降解率是单独水力空化的 3.9 倍，是单独使用二氧化氯的 2.3 倍；并引入动力学，表明单独水力空化、单独二氧化氯、水力空化强化二氧化氯三种工艺符合拟一级动力学反应，且水力空化强化二氧化氯降解罗丹明 B 溶液时，两种工艺存在协同效应。

卢贵玲等采用水力空化（HC）与 Fenton 联合（HC-Fenton）的方法研究了入口压力、溶液 pH、Fe^{2+} 和 H_2O_2 含量等操作条件对降解双酚 A（BPA）效果的影响。结果表明：当入口压力为 0.3MPa、溶液 pH 值为 3、Fe^{2+} 的质量浓度为 1.65mg/L 及 H_2O_2 的质量浓度为 8.0mg/L 时，HC-Fenton 对 BPA 去除率为 61.61%，反应速率常数为 $9.49×10^{-3}min^{-1}$，且降解反应属于一级动力学反应。HC-Fenton 能有效降解水中 BPA，可为有机废水处理提供一种新方法。

徐世贵等采用水力空化联合 Fenton 氧化联合超声吸附处理煤气化废水，研究了单独 Fenton 氧化及单独水力空化工艺条件，并对 Fenton 氧化、水力空化和水力空化-Fenton 氧化工艺处理过程进行了动力学初探。实验结果表明：在反应时间 60min、废水 pH＝3.0、Fe^{2+} 加入量 900mg/L、H_2O_2 加入量 3600mg/L、空化压力 0.4MPa 的条件下，水力空化-Fenton 处理煤气化含酚废水的 COD 和苯酚去除率分别为 93.05％和 90.29％；进一步采用超声吸附处理后，出水 COD 和苯酚质量浓度分别为 92.9mg/L 和 4.5mg/L，达到 GB 8978—1996《污水综合排放标准》三级指标。

陈利军等采用水力空化技术观察 H_2O_2 的浓度与入口压力对水中苯酚降解的效果与影响，研究发现入口压力越大苯酚的降解率也就越大，在一定范围内 H_2O_2 的浓度存在一个最佳值。

翟磊等采用水力空化技术与臭氧氧化技术联合的方法对污水进行处理。通过采用多孔板建立水力空化污水处理系统，进而对油田现场污水进行尝试性的实验研究。结果表明，臭氧与水力空化联合使用的降解效果明显优于两者单独降解的效果。

杨思静等自行设计了一套以孔板为核心的空化装置，将水力空化与 Fenton 相结合，降解甲基橙。通过紫外分光光度计测定处理过程溶液的吸光度，考察了溶液 pH、入口压力、孔板排布方式对甲基橙脱色率的影响；并与单一方法进行对比。结果表明：随着 pH 值由 7 降至 2，脱色率先上升后下降，最佳 pH＝3；随着入口压力由 0.2MPa 增至 0.6MPa，脱色率也呈现先上升后下降的趋势，最佳压力为 0.4MPa；按照脱色率由高到低，排布方式依次为均分布、环状分布、辐射分布；水力空化与 Fenton 过程结合较单一方法能量利用率有所提高，数值为 1.42×10^{-4}mg/J。

杨文婷等通过单独水力空化、单独臭氧、正压空化联合臭氧及抽吸空化联合臭氧的处理方式降解树脂生产废水。结果表明：单独水力空化对 COD 去除效果较差，正压空化及抽吸空化对 COD 的去除率分别为 21.61％、16.34％；单独臭氧较佳实验条件下，COD 去除率达到 77.4％；正压端孔板孔径 12mm、负压端孔板孔径 14mm、臭氧质量浓度 8.4mg/L、pH 值＝3、运行 20min 时，正压空化联合臭氧实验及抽吸空化联合臭氧实验对 COD 去除率分别为 84.32％、83.08％，臭氧利用率分别比单独臭氧时提高 40.6％、49.6％。

金文瑢等采用水力空化/H_2O_2 联合的高级氧化技术对喹诺酮类抗生素环丙沙星（后称"CIP"）进行降解，考察了多孔板开孔率、H_2O_2 添加量和初始 pH 值等因素对 CIP 降解效果的影响；比较了水力空化/H_2O_2 和超声空化/H_2O_2 降解 CIP 的最佳初始 pH 值范围和能耗效率。结果表明：与单独水力空化相比，水力空化联合 H_2O_2 对 CIP 具有明显的协同降解作用。多孔板开孔率为 0.054 的板 1 降解效果最好。添加 30％ H_2O_2 的量从 0.1L 增到 0.3L 时，降解率先增大后减小。初始 pH 值为 3.0 时 CIP 降解率最大，达 77.49％。同等条件下水力空化的能量利用率是超声空化的 26.54 倍。

冯中营等针对超声空化处理量小，水力空化处理效果不够理想及臭氧虽然有较好的水处理效果，但臭氧容易从液体中冒出，造成臭氧的浪费的问题，探讨了增强水力空化的方法并采用水力空化与臭氧联合以提高臭氧利用率。首先研究不同通气量的臭氧单独作用时，对罗丹明 B 的降解率；其次研究臭氧与水力空化先后参与对罗丹明 B 降解时的降解率；最后将臭氧与水力空化进行联合，详细分析了 1mm 孔径与 2mm 孔径的两个穿孔板在固定条件下产生的水力空化与臭氧联合的降解效果，并改变孔径、孔数、进口压强等参数进行实验，研究不同条件下的降解效果。结果显示，臭氧对罗丹明 B 具有很强的降解作用，水力空化与臭氧先后降解对降解率提高不大，不同的穿孔板在不同的条件下产生的水力空化都可以大大提高臭氧的降解效果，水力空化使臭氧能够基本全部利用，避免了臭氧的浪费，同时臭氧分解成的微小气泡也增强了水力空化效应。

7.3　水力空化在污泥的消化和减量中的应用

　　活性污泥法是当前污水处理厂的主流工艺。由此工艺产生的大量剩余污泥通常含有对环境有害的物质，因此实现污泥的无害化、减量化和资源化十分必要。在众多处理方法中，如热处理、超临界水氧化、机械法和水力空化等，水力空化高温效应可使污泥细胞变性，细胞壁机械强度降低，所产生的冲击波和微射流会冲击破坏污泥细胞壁及结构，利于污泥的消化和脱水，该过程中产生的自由基氧化作用亦可破解污泥，使其逐渐成为研究热点。

7.3.1　水力空化对污泥减量的影响

　　为了确定 HC 对污泥减量的影响，我们分析了混合液悬浮固体（MLSS）和混合液挥发性悬浮固体（MLVSS）的变化（图 7-1）。在 HC 组和对照组中，随着时间的增加，MLSS 和 MLVSS 先降低后升高。HC 组在 120min 时最低 MLSS 为 756.86mg/L，而对照组在 150min 时最低 MLSS 为 1026.12mg/L。对照组 MLSS 的降低与水泵机械作用剪切应力对污泥的崩解有关。与对照组相比，HC 组 MLSS 较低，达到最低 MLSS 所需时间较短。表明剪应力和 HC 均能有效降低污泥中的 MLSS，HC 能促进水

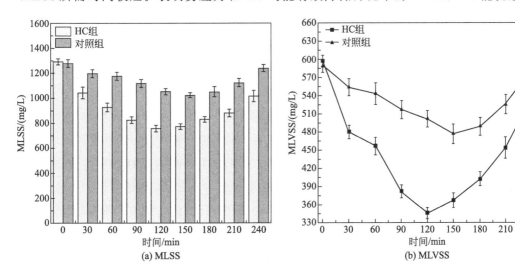

图 7-1　MLSS 和 MLVSS 有和没有 HC 时的变化

泵机械作用剪应力引起的 MLSS 降低。HC 组和对照组 MLVSS 变化趋势与 MLSS 相同，且在 120min 和 150min 时 MLVSS 最低，对应于 HC 组和对照组。HC 组在 120min 时 MLVSS 和 MLSS 的降低率最高，分别为 42.13％和 41.57％，而对照组在 120min 时分别为 19.13％和 20.05％。HC 组和对照组的 MLVSS 下降率与 MLSS 相似，表明 HC（或剪切应力）具有与污泥中挥发性悬浮固体和挥发性悬浮固体类似的崩解能力。

有趣的是，当反应时间越过转折点（HC 组 120min，对照组 150min）时，污泥的 MLSS 和 MLVSS 值随着时间的增加而逐渐增加。240min 时，HC 组 MLSS 和 MLVSS 分别为 1018.14mg/L 和 538.21mg/L，对照组 MLSS 和 MLVSS 分别为 1243.00mg/L 和 582.46mg/L。与 120min 相比，HC 组 240min 时 MLSS 和 MLVSS 分别增加了 34.52％和 55.56％；对照组 240min 时 MLSS 和 MLVSS 分别比 150min 时增加了 21.14％和 22.18％。HC 组和对照组 MLSS 和 MLVSS 升高提示存在"假升高"现象。HC 和剪应力会严重破坏污泥的结构，导致污泥颗粒尺寸减小。小颗粒污泥更容易吸收水分，导致污泥黏度增加。污泥黏度的增加不利于污泥通过滤膜的渗透，表现出污泥 MLSS 和 MLVSS 再次增加的错觉。与对照组相比，HC 组 MLSS 和 MLVSS 的"假升高"更为明显，这与 HC 增强污泥崩解有关。虽然 HC 处理时间越长，MLSS 和 MLVSS "假升高"越多，但 HC 组 MLSS 和 MLVSS 值始终低于对照组。综合以上分析表明，HC 可促进污泥减量。

7.3.2　水力空化对污泥有机质溶解的影响

为确定 HC 对污泥有机质溶解的影响，分析了 HC 组和对照组污泥可溶性 COD（sCOD）和 DD_{sCOD}（对照组）的变化。如图 7-2（a）所示，HC 组和对照组的 sCOD 浓度均随着处理时间的增加而增加，在 240min 时分别为 319.66mg/L 和 227.46mg/L。HC 组和对照组的 sCOD 升高主要是由于 HC 和剪应力导致的固相物质的溶解。总的来说，水相有机物和 EPS 的增加会导致 COD 水平的升高。HC 或剪应力强度的增加会导致固相物质分解，从而导致有机质和 EPS 浓度的增加。这可以解释为什么 HC 组和对照组的 sCOD 水平随着时间的推移而升高。

为进一步研究 HC 对污泥有机物溶解的影响，分析了 HC 组和对照组污泥有机物分解程度的变化。DD_{sCOD} 是 sCOD 与 COD 浓度变化的比值，被广泛用于评价污泥崩解程度的变化。如图 7-2（b）所示，随着时间的延长，HC 组和对照组的 DD_{sCOD} 分别增加 22.98％和 13.18％。HC 组的 DD_{sCOD} 高于 HC 对照组，说明 HC 促进污泥的崩解。HC 可以产生更强的剪切应力，由于更高的速度、湍流和分压变化而损伤细菌的细胞壁。这可以解释 HC 组污泥崩解率高于对照组的原因。HC 组的 sCOD 和 DD_{sCOD} 水平始终高于对照组，说明 HC 对细胞破坏和污泥溶解的作用远强于剪切应力。

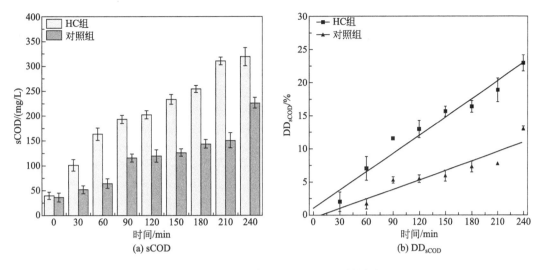

图 7-2　HC 处理对 sCOD 和 DD_{sCOD} 的影响

7.3.3　水力空化对污泥特性的影响

图 7-3 反映了处理前后污泥粒度的变化。实验组和对照组污泥粒径随时间的延长而减小。为了定量分析污泥颗粒减少量，分别考察 HC 组和对照组的颗粒粒度百分位数。未处理样品中位污泥粒径 $[d(0.5)]$ 约为 $20\mu m$。HC 组和对照组的 $d(0.5)$ 随时间的增加而降低，在 240min 时分别为 $4.45\mu m$ 和 $11.85\mu m$。HC 组的 $d(0.5)$ 下降程度高于对照组。HC 组的 $d(0.1)$ 较对照组低 2 个量级。结果表明，HC 和剪应力可以通过破坏污泥的集料和絮凝体来减小污泥粒径。

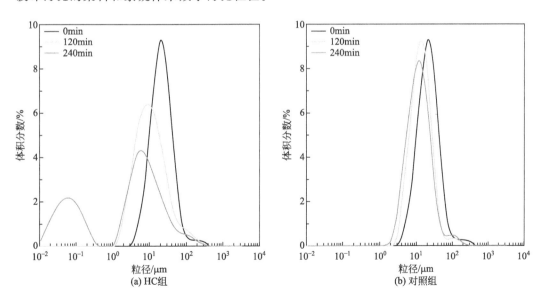

图 7-3　含和不含 HC 时污泥粒径分布的变化

图 7-4 显示了 HC 对 VSS/SS 比值变化的影响。VSS/SS 比值可以表示生物有机质与总固体的比值。VSS/SS 比值越高，污泥稳定性越弱。VSS/SS 比值随时间增加而增加，HC 组和对照组在 240min 时 VSS/SS 比值分别达到 0.53 和 0.47。结果表明，HC 对污泥稳定性的影响明显大于剪切应力。在 240min 时，HC 组的 $d(0.1)$ 值显著降低（仅为 $0.04\mu m$），提示 HC 可能破坏更多的细胞。细胞损伤导致细胞内物质渗漏，生物有机物增加，污泥稳定性下降。

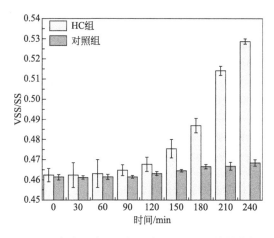

图 7-4 含或不含 HC 污泥中 VSS/SS 比值的变化

7.3.4 流体动力空化对胞外聚合物组分的影响

胞外聚合物（EPS）是由细胞外的微生物产生的一些高聚物，包括松散的（LB-EPS）和紧密结合的 EPS（TB-EPS）。EPS 对污泥絮凝体的表面性质、微生物细胞的聚集和絮凝体结构的稳定性有显著的影响。蛋白质和碳水化合物是污中 EPS 的指示成分。因此，为了系统探索 HC 和剪切应力对污泥减量的机理，对 EPS 中的蛋白质和碳水化合物进行了表征。

如图 7-5（a）所示，随处理时间从 0min 增加到 240min，HC 组 TB-EPS 蛋白质浓度从 35.74mg/gVSS 下降到 1.42mg/gVSS，对照组 TB-EPS 蛋白浓度从 36.00mg/gVSS 下降到 5.85mg/gVSS。而 LB-EPS 蛋白质浓度呈先降低后逐渐升高的趋势。HC 组 LB-EPS 的蛋白质浓度分别由 12.76mg/gVSS（0min）降至 1.08mg/gVSS（120min）再升高至 4.25mg/g VSS（240min），对照组由 12.76mg/gVSS（0min）降至 7.49mg/gVSS（120min）再升高至 10.53mg/gVSS（240min）。HC 通过空化产生的羟基自由基和氢自由基破坏蛋白结构，导致 LB-EPS 和 TB-EPS 蛋白质浓度下降。这也解释了 HC 组 LB-EPS 和 TB-EPS 总蛋白质浓度低于对照组的原因。HC 组 TB-EPS 蛋白质浓度随时间的延长而降低，而 LB-EPS 蛋白质浓度在 0～120min 随时间的延长而降低，在 120～240min 随时间的延长而升高。溶液中分离细胞的游离蛋白可被活细胞吸附。考虑到 TB-EPS 和细胞的位置比 LB-EPS 更近，这些蛋白质被细胞吸附后首先产生

LB-EPS。这可能是污泥崩解度显著增加（从 120min 到 240min）时，LB-EPS 中蛋白浓度随时间增加的原因之一。随着处理时间的增加，LB-EPS 和 TB-EPS 的碳水化合物浓度呈现先增加后减少的趋势 [图 7-5 （b）]。增加与污泥中焦糖、鼠李糖、阿拉伯糖等的解体有关。HC 组碳水化合物浓度高于对照组，说明 HC 对污泥组分的破坏作用大于剪切力。与蛋白质相比，碳水化合物随 HC 处理时间增加的变化程度较低，说明 HC 对蛋白质的破坏作用大于碳水化合物。

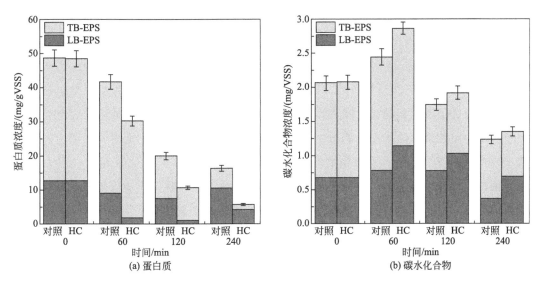

图 7-5　含和不含 HC 的 LB-EPS 和 TB-EPS 中蛋白质和碳水化合物的变化

7.4　水力空化在微生物水处理中的应用

据报道，水力空化消毒作用的基本原理是空化泡溃灭的瞬间，产生的压力波等会造成巨大的剪切力及高温环境，将微生物细胞灭活，同时，化学反应产生的活性自由基也能够提高消毒效率。因此，水力空化在饮用水消毒方面具有较大的发展前途。

裴禹等为了验证水力空化杀菌的可行性，搭建了基于旋转空化器的水力空化实验系统，研究入口压力和空化发生温度对大肠杆菌的杀菌效果。研究结果表明，当入口压力在 -0.02MPa 至 -0.05MPa 之间变化时，其对杀菌效果影响并不大；但空化发生温度却显著影响杀菌效果，当空化发生温度为 60°C 时，大肠杆菌全部灭活。

柳文菁等利用自主研发的新型三角孔多孔板水力空化装置对河水进行消毒处理，采用压力数据采集系统采集水力空化工作段压力、显微镜观察菌体形态变化、平板计数法计数菌落总数、酶底物法检测总大肠菌群和大肠埃希氏菌；研究了三角孔多孔板的水流空化数、孔口大小、孔口数量、孔口排列和原水浓度梯度对水力空化杀灭原水中病原微生物的影响。结果表明：选择适当的原水浓度、增大孔口数量、减小孔口大小以及改进孔口排列方式（如交错式）时，均可进一步提高原水中病原微生物杀灭率。菌群杀灭率在 5min 时可达到稳定高效杀灭值，15min 时菌落总数杀灭率可达 80％以上，总大肠菌群和大肠埃希氏菌杀灭率均可达 90％以上，甚至完全杀灭。

时小芳等以多孔板为水力空化发生器，研究对水中大肠杆菌的去除效果。结果表明，水力空化的发生器结构和操作条件会对大肠杆菌的去除效果产生影响。采用交叉分布的孔板、增加孔数和减少孔径、增加入口压力及空化时间，可有效提高孔板反应器对大肠杆菌的去除率；菌落初始浓度大于 10^3CFU/mL 时，增加初始浓度也可提高去除率。

董志勇等基于浙江工业大学水力学实验室自主研发的变喉部长径比 L/R 文丘里式水力空化装置，考虑了 4 种喉部长径比 $L/R＝10$、30、60、100，4 种原水占比（初始浓度）$V_0/V＝25％$、$50％$、$75％$、$100％$，以菌落总数和大肠杆菌作为病原微生物指示菌，实验研究了喉部长径比、喉部流速、水力空化作用时间、原水初始浓度、空化数等因子对水力空化杀灭原水中病原微生物的影响。实验结果表明：空泡溃灭时产生的微射流、冲击波会使原水中病原微生物的细胞发生空蚀破坏，水流空化数越低，对大肠杆菌、菌落总数的杀灭率越高；流速较低或原水初始浓度较高时，其杀灭率随喉部长径比的增加逐渐增大；流速较高或原水初始浓度较低时，其杀灭率几乎与喉部长径比无关；增大喉部流速或延长水力空化作用时间，可进一步提高对病原微生物的杀灭效果。

陈乐等为探索新的饮用水消毒方式，利用多孔板型水力空化反应装置，以大肠杆菌为原水病原微生物指示菌种，处理含有大肠杆菌的水样，使用平板菌落计数法求得不同时刻水样中大肠杆菌浓度。通过对不同孔口流速、不同几何参数多孔板、不同初始浓度菌液进行空化实验，提出了空化数、孔口流速、初始浓度、处理时间、孔口数量、孔口大小、孔口排列方式与大肠杆菌杀灭率的关系。实验结果表明，提高孔口流速、选取最佳初始浓度、延长处理时间、增多孔口数量和减小孔口大小可以提高大肠杆菌的杀灭率，水力空化对大肠杆菌具有显著的杀灭效果，可以作为新的消毒技术进一步研究。

7.5 水力空化在城市垃圾填埋场渗滤液治理中的应用

垃圾填埋场渗滤液是世界上公认的污染威胁大、性质复杂、难于处理的高浓度的有机污水。具有 BOD_5 和 COD 浓度高、金属含量较高、成分复杂、水质水量变化大、有机物和氨氮的含量较高，微生物营养元素比例失调等不同于一般城市污水的特点。目前，垃圾渗滤液处理主要有以下几种。

(1) 预吹脱

通过对渗滤液的预处理，去除部分氨氮，对后续处理的顺利进行具有重要意义。目前预处理的研究有采用空气自由吹脱和加石灰吹脱预处理，这种方法易造成二次污染。

(2) 好氧生物处理

好氧处理主要是活性污泥法。低氧、好氧活性污泥法和 SBR 等改进活性污泥法比常规法更为有效。生物硝化反硝化是去除氨氮的可行、有效和经济的方法，但在温度低时受影响。

(3) 厌氧生物处理

厌氧法包括厌氧污泥床、厌氧式生物滤池、混合反应器及厌氧塘等，它具有能耗少、操作简单、投资及运行费用低等优点。已报道的有间歇厌氧反应器、间歇和连续上流式厌氧污泥床、上流式厌氧过滤器等。但占地面积大，污泥量大，现场容易产生臭味，造成二次污染，影响周围环境。

(4) 厌氧与好氧结合处理法

氨吹脱-厌氧生物滤池-好氧生物滤池工艺对垃圾渗滤液的中试研究达到较好的处理效果。由于生物法操作简单、运行费用低且技术成熟，因此具有广泛的应用前景，但对于可生化性低、难降解有机物及毒性高的废水。生物法处理效果差，可用物化法弥补。包括光氧化和光催化氧化、Fenton 法、混凝沉淀法等，常作为预处理。另外，还有垃圾渗滤液的人工湿地处理方法，与传统处理方法相比，有成本低、构建和运行维护费低、处理效果比较好等优点，在我国的许多地区有一定的适用性。

随着我国城市的生活垃圾总量急剧增加，垃圾渗滤液的处理已成为城市建设中急需解决的技术难题，也是生态城市建设，尤其是小城镇示范工程建设必须配套解决的关键环节。垃圾填埋场渗滤液处理对选择垃圾渗滤液生物处理工艺的方案设计提出了更高的要求。垃圾渗滤液的生物法处理依靠微生物的降解作用达到去除污染成分的效果，是目前国内外研究的重点，由于其无需专门设备处理、出水稳定、管理方便、运行费用低等特点，使生物法处理成为该领域的发展趋势。

王琨等用水力空化技术处理垃圾渗滤液。实验中选择了三种不同开孔率及两种布孔方式共两组孔板进行了实验，在基于水样原始 pH 条件下研究了孔板的开孔率、布孔方式、空化时间等操作参数对渗滤液中 COD、氨氮、BOD/COD 的影响，并对其进行能效评估。实验结果表明，在进口压力为 0.4MPa 及原水 pH＝7.18 的条件下对垃圾渗滤液原液进行处理，以 COD 去除为评价指标，最佳实验条件为孔板采用环状开孔、开孔率 0.0439、反应时间 60min 时，COD 最佳去除率为 22.63%。对环状布孔孔板进行能效分析得知，0.0439 开孔率的孔板能量利用率最高，为 4.94×10^{-3} mgCOD/J。水力空化可以明显改善水质条件，可以将难降解有机物分解为结构简单的有机分子，使废水 BOD/COD 提高 54.55%，使其适于生物处理。建议对经处理后的垃圾渗滤液进一步去除氨氮后，作为其他废水的生物处理环节的外加碳源，实现废物资源化，降低污水处理成本。

综上所述，水力空化是一种有效的垃圾渗滤液处理技术，该技术无需外加化学药剂，成本低廉，无二次污染，绿色环保，适于大规模污水处理。

7.6 水力空化在石油污染物处置中的应用

近年来，随着石油化工业的发展及其产品的广泛应用，石油污水的超标排放、石油泄漏事故时有发生，致使水体中的石油及其制品的含量不断增加。因此，石油及石油化工产品已成为当今水污染的主要污染物之一。石油成分非常复杂，含有数百种化合物，主要为烷烃、环烷烃及芳香烃，占石油总质量的 50%～90%，其余为非烃类含氧、含硫及含氮化合物。石油污染物处理困难，且具有较高的致突变活性，会对环境及人体健康造成不良影响。

邓橙等采用水力空化技术对水中石油污染物的催化降解性能及影响因素进行研究。结果表明，适当提高入口压力、升高反应温度、延长反应时间，有利于石油污染物的降解。当入口压力 0.3MPa、反应温度 25℃、反应时间 5h 时，水力空化系统对石油的去除率为 84.28%。经 GC-MS 分析，在空化催化降解作用下，石油污染物中大多数有机物被直接氧化成 CO_2 和 H_2O，同时避免了新的小分子有机物生成。所以水力空化技术可以有效地去除水中的石油污染物，并且运行稳定可靠，可以作为处理石油污染水的一种有效方法。其既可独立使用，也可与膜分离、电催化氧化、生物降解等技术联用，利用氧化降解、吸附、膜分离等协同作用更高效合理地处理含石油污水。

李奎通过水力空化的单因素研究，发现水力空化可以提高石油在水中的分散及溶解性能，并对水中石油污染物有很好的氧化降解效果。石油污染物溶解与去除效果主要与入口压力、石油污染物初始浓度、溶液温度以及空化时间有关，在一定范围内，增加入口压力、提高温度、延长反应时间，均有利于提高石油污染物的去除效果。当入口压力为 0.3MPa、温度为 35℃，空化 2h 时石油在水中的溶解度达到最大，由初始的 90mg/L 增加到 215mg/L，空化时间为 5h 时，石油污水中石油污染物的去除率可达 52.70%，表明水力空化通过氧化降解作用可有效去除水中石油污染物。液相质谱分析结果显示，石油污水空化反应时间为 5h 时，谱峰数量由原水的 65 个减少到 45 个，烷烃占有机物总量由 42.37%减少到 28.45%，峰面积也由 49.36%减少到 35.49%，说明可以通过水力空化的方法降解石油污水，因为水力空化产生的羟基自由基把石油污水中的有机物降解为小分子，最终降解为水和二氧化碳。

桑勖源通过不同结构的孔板在不同工况下对模拟含硫污水中硫离子的处理探讨了水力空化单独处理硫离子的能力；验证了水力空化可以有效地氧化硫离子；证明了空泡溃灭的强度越高、频率越大，采集到的压力波动信号振幅就会越大、频率会越高，水力空化氧化硫离子的能力也会增强，根据压力波动信号预测含硫污水的处理能力是可行的；而不同孔板结构的声信号数据也可以良好地反映出孔板结构差异引起的空泡溃灭强度的差异，进而预测不同孔板结构的氧化能力强弱。在相同处理时间内，尽管开孔数越多或开孔直径越大的孔板空化强度更低，但其空泡溃灭的强度更大，产生的氧化剂更多，处理含硫污水的效果也更好。当过流面积相同时，单孔孔板的脱硫效果最好，增大多孔孔板的开孔数亦可以增强脱硫效果。需要注意的是仅通过调节进口压力及孔板结构，对水力空化处理含硫污水效果的提升是有上限的。达到上限后即使优化孔板的结构，使空泡溃灭强度更高，其氧化硫离子的能力也不再增强。本实验测得的处理含硫污水效果最好的孔板为 8 个 2mm 孔径多孔孔板，其在硫离子浓度为 100mg/L、进口压力 4bar、溶液温度为 303.15K、溶液 pH 值为 11 时，循环处理 60min 最多可以去除 0.93g 硫离子。进口压力对水力空化处理含硫污水能力的影响是复杂的，不同结构孔板的最优进口压力不同，因为空泡的溃灭数量会在含气率达到饱和前随着进口压力和含气率的增大而增多；而当含气率达到最大值后，孔板下游压力随着进口压力的增大而减小，所以空泡溃灭数量及强度反而会随之减小。同时利用不同进口压力下的压力波动数据进行空泡溃灭强度及频率的分析，可以准确地预测含硫污水处理能力随进口压力变化的趋势。虽然通过调节进口压力及孔板结构，对水力空化处理含硫污水效果的提升有上限，但通过增加硫离子浓度、降低 pH 值、增加反应温度的手段可以增强羟基自由基的利用率，提高硫离子的去除速率。对 8 个 2mm 孔板的反应温度及溶液 pH 值进行调节，使得硫离子去除量在 30min 时即达到了 1.903g，去除效果提升了 209%。水力空化可以氧化硫单质，甚至可以将溶液中存在的硫单质全部氧化，因此水力空化可以有效去除含硫污水中的硫元素，是一种处理含硫污水的有效手段。

 参考文献

[1] 杨思静，晋日亚，乔伊娜，师淑婷. 文丘里管结构参数对水力空化降解罗丹明 B 染料废水的影响[J]. 中北大学学报（自然科学版），2017，38(01)：72-77.

[2] 张锐，朱孟府，邓橙，邓宇，马军，刘红斌，陈平. 水力空化对亚甲基蓝的去除研究[J]. 应用化工，2018，47(04)：651-655.

[3] 董志勇，徐琳香，李大炜，张凯，姚锐豪. 圆孔多孔板水力空化降解对硝基苯酚废水的试验研究[J]. 浙江工业大学学报，2015，43(03)：275-278

[4] 武金明. 多孔板水力空化装置最佳水力条件的确定[J]. 能源与环境，2012(04)：12-13，15.

[5] 孔维甸，晋日亚，乔怡娜，王永杰，师淑婷. 水力空化强化二氧化氯降解罗丹明 B 的研究[J]. 科学技术与工程，2016，16(28)：139-143.

[6] 卢贵玲，朱孟府，邓橙，李颖，刘红斌，马军. 水力空化联合 Fenton 降解双酚 A 的性能研究[J]. 水处理技术，2019，45(05)：29-33.

[7] 徐世贵，刘月娥，王金榜，马凤云，徐向红. 水力空化-Fenton 氧化联合超声吸附处理煤气化废水[J]. 化工环保，2019，39(06)：634-640.

[8] 陈利军，吴纯德，张捷鑫，等. 水力空化强化 H_2O_2 氧化降解水中苯酚的研究[J]. 环境科学研究，2006，19(3)：67-70.

[9] 翟磊，董守平，冯高坡，等. 水力空化与臭氧联合降解油田污水初步试验研究[J]. 科技导报，2009，27(6)：38-42.

[10] 杨思静, 晋日亚, 乔伊娜, 师淑婷, 孔维旬, 王永杰. 水力空化结合 Fenton 过程降解甲基橙染料废水[J]. 科学技术与工程, 2017, 17(10): 96-100.

[11] 杨文婷, 张宇峰, 李维新, 许天啸, 王伟民. 水力空化联合臭氧处理树脂生产废水的试验[J]. 净水技术, 2017, 36(03): 90-95.

[12] 金文瑢, 孙三祥, 武金明, 金文芝. 环丙沙星的水力空化/H_2O_2 联合降解研究[J]. 甘肃水利水电技术, 2016, 52(11): 39-42,52.

[13] 冯中营, 赵婷婷. 水力空化与臭氧联合降解罗丹明 B[J]. 武汉工程大学学报, 2012, 34(08): 36-38,66.

[14] 李锐, 黄永刚, 付东, 胡筱敏. 新型空化器及其在污泥细胞破解中的应用[J]. 安全与环境学报, 2018, 18(01): 281-284.

[15] 鄢琳, 杨宏, 刘毅, 陈伟. 单孔板水力空化-碱联合工艺破解剩余污泥的效果[J]. 净水技术, 2017, 36(04): 63-68.

[16] 周汝鑫. 文丘里空化处理污泥及污水有机污染物的实验研究[D]. 大连: 大连理工大学, 2016.

[17] 连广浒, 程刚, 张霖钰, 张昱, 宋志军, 徐晓杰, 温玉婷, 蔡美强. 水力空化-酸化调理增强污泥脱水性能分析[J]. 环境工程, 2020, 38(08): 96-100,70.

[18] 裴禹, 李大尉, 赵孟石, 姚鸿宾, 姚立明. 基于水力空化技术实现杀菌的实验研究[J]. 节能技术, 2019, 37(03): 285-288.

[19] 柳文菁, 董志勇, 杨杰, 李大庆, 张邵辉, 黄大伟. 三角孔多孔板水力空化杀灭原水中病原微生物[J]. 中国环境科学, 2018, 38(08): 3011-3017.

[20] 时小芳, 朱孟府, 邓橙, 郝丽梅, 张锐, 赵斌, 马军, 刘红斌. 孔板水力空化器对水中大肠杆菌的去除效果[J]. 应用化工, 2018, 47(05): 920-923,927.

[21] 董志勇, 秦兆雨. 变喉部长径比文丘里式水力空化杀灭原水中病原微生物的试验研究[J]. 华北水利水电大学学报(自然科学版), 2018, 39(01): 31-35.

[22] 陈乐, 董志勇, 刘昶, 张茜, 张凯. 方孔多孔板水力空化杀灭大肠杆菌的实验研究[J]. 水力发电学报, 2016, 35(09): 48-54.

[23] 王琨. 混凝/水力空化强化二氧化氯联合处理垃圾渗滤液 COD 试验研究[D]. 太原: 中北大学, 2020.

[24] 邓橙, 朱孟府, 游秀东, 宿红波, 陈平, 朱路. 水力空化技术降解石油废水效能研究[J]. 水处理技术, 2014, 40(01): 100-103.

[25] 李奎. 强化水力空化对水中石油污染物降解效能的研究[D]. 天津: 天津科技大学, 2017.

[26] 桑勋源. 水力空化与臭氧联合处理含硫污水硫离子研究[D]. 青岛: 中国石油大学(华东), 2019.

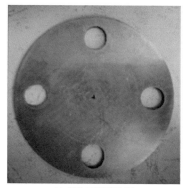

(a) 单孔三角孔孔板   (b) 三孔圆孔孔板

图 3-3   常见的水力空化发生器件

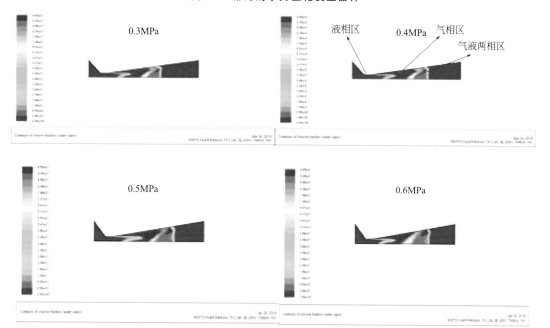

图 3-17   文丘里管在不同压力入口下的含气率云图

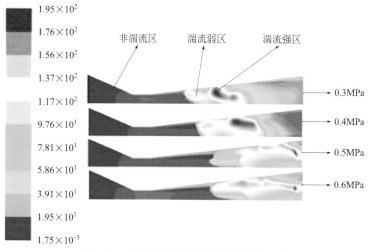

图 3-19   不同入口压力下的湍流强度云图

图 5-10　Fe^{2+} 投入量为 20mg/L 时四环素溶液色度随降解时间的变化

（从左到右依次为 0min、30min、60min、90min、120min、150min）

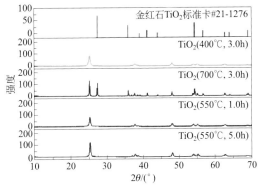

图 5-14　TiO_2（400℃和 700℃，3.0h 热处理以及 550℃，1.0h 和 5.0h）的 XRD 图

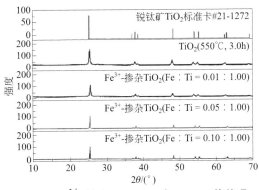

图 5-15　Fe^{3+}-掺杂 TiO_2（550℃，3.0h 热处理，Fe/Ti 的摩尔比为 0.00∶1.00，0.01∶1.00，0.05∶1.00 和 0.10∶1.00）的 XRD 图

(a) TiO_2 SEM图

(b) Fe^{3+}-掺杂TiO_2 SEM图

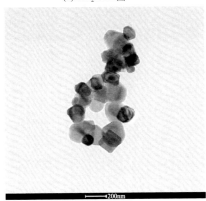

(c) 200nm放大倍数的Fe^{3+}-掺杂TiO_2的TEM图

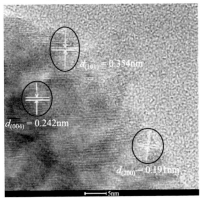

(d) 5nm放大倍数的Fe^{3+}-掺杂TiO_2的TEM图

图 5-16　TiO_2 和 Fe^{3+}-掺杂 TiO_2（550℃，3.0h 热处理，Fe/Ti 的摩尔比为 0.10∶1.00）的 SEM 图以及不同放大倍数的 Fe^{3+}-掺杂 TiO_2 的 TEM 图

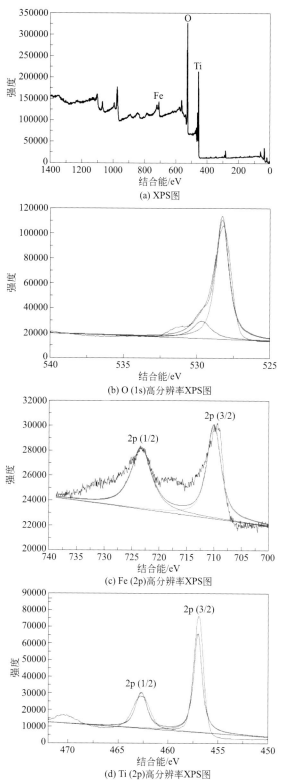

(a) XPS图

(b) O (1s)高分辨率XPS图

(c) Fe (2p)高分辨率XPS图

(d) Ti (2p)高分辨率XPS图

图 5-17 Fe^{3+}-掺杂 TiO_2 （550℃，3.0h 热处理，Fe/Ti 的摩尔比为 0.10∶1.00）的 XPS 图以及 O（1s）、Fe（2p）和 Ti（2p）的高分辨率 XPS 图

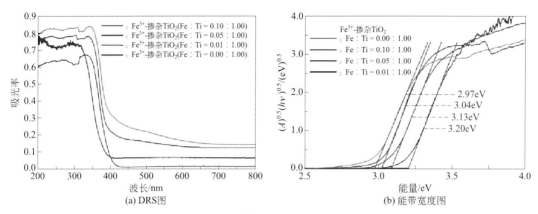

图 5-18　TiO$_2$ 和不同 Fe/Ti 摩尔比的 Fe^{3+}-掺杂 TiO$_2$（550℃，3.0h 热处理）的 DRS 图和
相应的能带宽度（E_{bg}）图

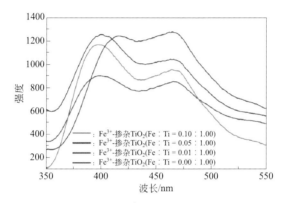

图 5-19　TiO$_2$ 和不同 Fe/Ti 摩尔比的 Fe^{3+}-掺杂 TiO$_2$（550℃，3.0h 热处理）的 PL 图

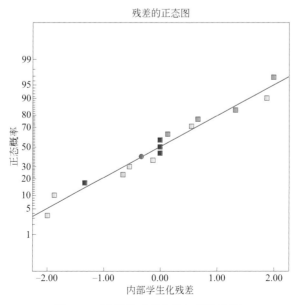

图 5-22　降解量残留物的正常概念图

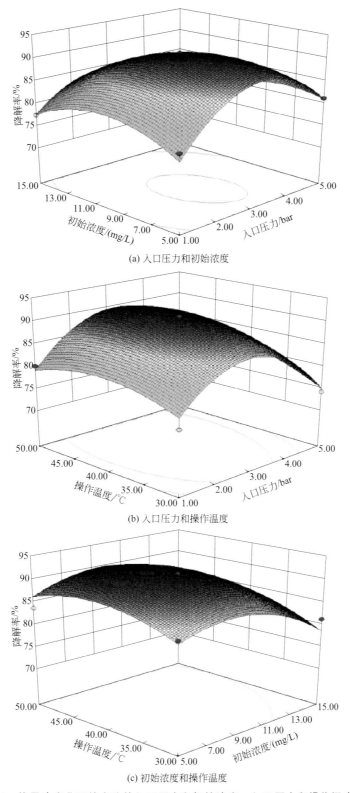

图 5-23　使用响应曲面的方法的入口压力和初始浓度、入口压力和操作温度以及
初始浓度和操作温度对水力空化催化降解 RhB 的影响

(入口压力 1.0~5.0bar，RhB 初始浓度为 5.0~15mg/L，反应温度 30~50℃和总容量 5.0L。1bar＝10^5Pa)

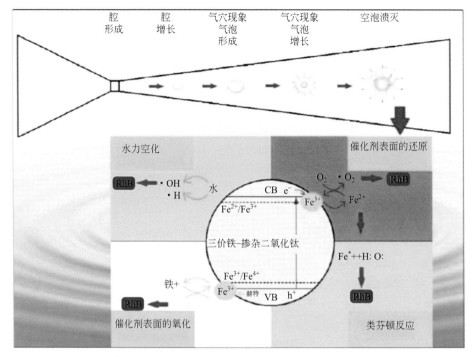

图 5-24 Fe^{3+} -掺杂 TiO_2 存在下的水力空化催化降解有机污染物的机理图

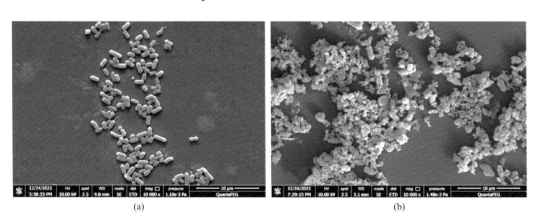

(a)　　　　　　　　　　　　　(b)

图 6-1 水力空化作用大肠杆菌前后对比 SEM 图（1μm）

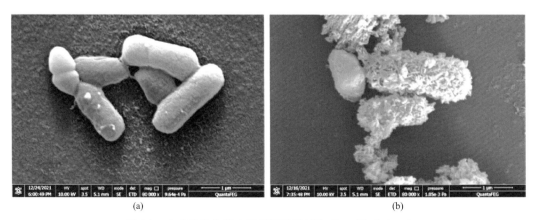

(a)　　　　　　　　　　　　　(b)

图 6-2 水力空化作用大肠杆菌前后对比 SEM 图（10μm）

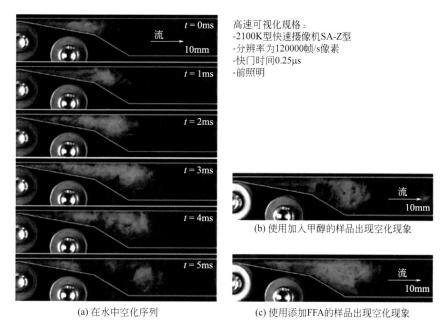

高速可视化规格：
-2100K型快速摄像机SA-Z型
-分辨率为120000帧/s像素
-快门时间0.25μs
-前照明

(b) 使用加入甲醇的样品出现空化现象

(c) 使用添加FFA的样品出现空化现象

(a) 在水中空化序列

图 6-8　高速摄像头收集了在文丘里管区域的水力空化（HC）可视化照片

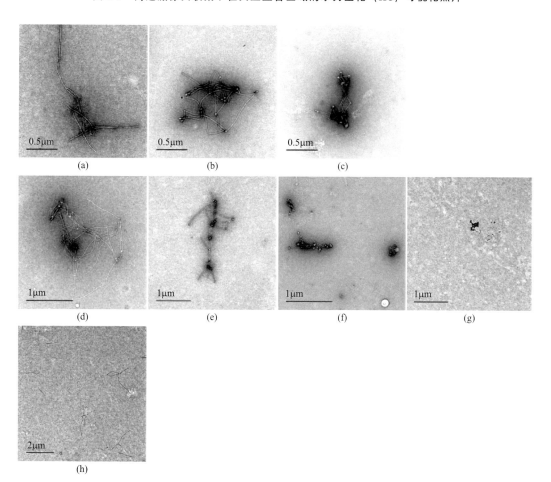

图 6-9　水力空化实验期间水样中马铃薯病毒 Y（PVY）的代表性 TEM 照片

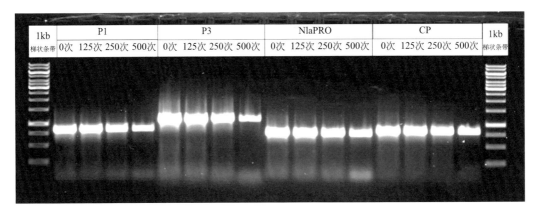

图 6-10 代表性琼脂糖凝胶显示在水力空化处理后 PVY 的 RNA 损伤

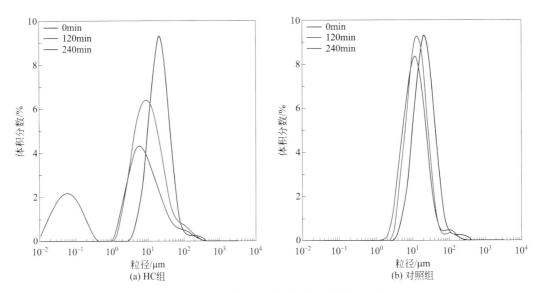

图 7-3 含和不含 HC 时污泥粒径分布的变化